工业和信息化
精品系列教材

U0160691

JavaScript
交互式网页设计

微课版

孙文江 陈义辉 / 主编

JavaScript Interactive
Web Page Design

人民邮电出版社
北京

图书在版编目（ＣＩＰ）数据

JavaScript交互式网页设计 ：微课版 / 孙文江，陈
义辉主编. -- 北京 ：人民邮电出版社，2023.8
工业和信息化精品系列教材
ISBN 978-7-115-60342-5

Ⅰ．①J… Ⅱ．①孙… ②陈… Ⅲ．①JAVA语言－程序
设计－教材 Ⅳ．①TP312.8

中国版本图书馆CIP数据核字(2022)第201038号

内 容 提 要

本书系统地介绍 JavaScript 交互式网页设计的相关知识和技术。以典型工作任务为载体，以
HTML5、CSS3 和 JavaScript 为技术支撑，将关键知识和技术融入 8 个单元之中，具体包括理解 JavaScript
脚本语言、设计网页换肤效果、设计网站的二级导航效果、设计公告栏信息滚动效果、设计模态对话
框效果、设计网页轮播图效果、设计表单校验效果和设计网页抽奖器。

本书可作为高职院校计算机相关专业的 JavaScript 交互式网页设计教材，也可作为 JavaScript 爱好
者或培训机构 Web 技术培训的参考书。

◆ 主　　编　孙文江　陈义辉
　　责任编辑　鹿　征
　　责任印制　王　郁　焦志炜
◆ 人民邮电出版社出版发行　　北京市丰台区成寿寺路 11 号
　　邮编　100164　电子邮件　315@ptpress.com.cn
　　网址　https://www.ptpress.com.cn
　　山东华立印务有限公司印刷
◆ 开本：787×1092　1/16
　　印张：14　　　　　　　　　2023 年 8 月第 1 版
　　字数：314 千字　　　　　　2023 年 8 月山东第 1 次印刷

定价：59.80 元

读者服务热线：(010)81055256　印装质量热线：(010)81055316
反盗版热线：(010)81055315
广告经营许可证：京东市监广登字 20170147 号

前言 *FOREWORD*

JavaScript 是 Web 开发的核心技术，常用来为网页添加各式各样的交互功能，为用户提供流畅的浏览体验和美观的浏览效果。

为贯彻落实党的二十大提出的"全面贯彻党的教育方针，落实立德树人根本任务，培养德智体美劳全面发展的社会主义建设者和接班人"要求，秉承"问题导向"和"系统观念"的教材建设思路，以交互式网页设计的典型工作任务为载体，以 HTML5、CSS3 和 JavaScript 为技术支撑，系统地阐述了 JavaScript 的关键知识和技术。在工作任务实现过程中，突出分析问题和解决问题的能力培养，为了充分发挥教材的铸魂育人功能，根据课程特点，将劳动精神、工匠精神、劳模精神、正确的技能观、正确的科学观、正确的网络安全观、软件工程师道德规范、网络安全意识和防护技能等素养目标融入 8 个典型工作任务之中，增强育人实效，做到目标明确、思路清晰、内容准确、层次分明、重点突出。

单元 1：理解 JavaScript 脚本语言。本单元的关键知识和技术是搭建开发环境，主要内容是理解 JavaScript 的核心语法，构建 JavaScript 的知识结构。

单元 2：设计网页换肤效果。本单元的关键知识和技术是 DOM 和本地存储，主要内容是 DOM 中的元素及节点操作，以及利用 localStorage 实现本地存储。

单元 3：设计网站的二级导航效果。本单元的关键知识和技术是 CSS 和 DOM 事件，主要内容是使用 CSS 样式来改变元素的呈现效果，认识 DOM 事件，使用 DOM 事件处理程序、事件对象、事件类型、事件模拟和事件委托以实现交互效果。

单元 4：设计公告栏信息滚动效果。本单元的关键知识和技术是函数和 BOM，主要内容是认识函数、函数的参数与返回值，使用自定义函数、箭头函数、闭包函数、递归函数、全局函数等来简化程序，以实现程序的模块化设计；认识 BOM，使用 window、location、navigator、screen、history 等对象实现与浏览器窗口的交互功能。

单元 5：设计模态对话框效果。本单元的关键知识和技术是面向对象编程，主要内容是认识 JavaScript 对象、构造函数和原型对象，创建、管理和配置对象，掌握原型链和对象继承、JavaScript 类和常用内置对象。

单元 6：设计网页轮播图效果。本单元的关键知识和技术是 JavaScript 动画，主要内容是 JavaScript 动画实现技术，使用 CSS 和 canvas 绘图的方法。

单元 7：设计表单校验效果。本单元的关键知识和技术是正则表达式和表单校验，主要内容是正则表达式及其使用方法、HTML5 表单校验属性和事件、CSS3 表单校验伪类选择器、JavaScript 调用约束校验 API。

单元 8：设计网页抽奖器。本单元的关键知识和技术是 JavaScript 数组，主要内容是认识 JavaScript 数组、数组的基本操作方法和技术、数组的函数式编程。

本书的每个单元均包括任务描述、任务分析与设计、关键知识和技术、任务实现、任务拓展、课后训练 6 个环节，以此来训练学习者分析问题和解决问题的能力。其中，关键知识和技术环节帮助学习者构建交互式网页设计的知识结构和能力结构。

本书以典型工作任务为载体，将关键知识和技术融入应用场景之中进行讲解和训练，理论与实践并重，以能力培养为特色。在关键知识和技术的讲解和使用中融入 ECMAScript 6 的功能，体现出教材的先进性；将知识体系、能力体系和职业素质融入各单元的教学任务之中，体现出教材的系统性；内容融合了 W3C 标准、行业标准和 Web 前端职业技能等级标准的内容和能力要求，体现出教材的科学性和实用性。

本书由长春职业技术学院孙文江负责整体设计和统稿。其中孙文江编写单元 1、单元 2、单元 3、单元 4 和单元 5，陈义辉编写单元 6、单元 7 和单元 8，参与教材资源开发和校对工作的有孙文江、陈义辉、沈继伟、李东生。本书得到了吉和网前端开发工程师季长旭和吉林省途阳电子商务有限公司徐成伟给予的任务开发指导和建议，在此表示衷心的感谢。

本书配备了丰富的教材资源，包括教学课件、单元训练源代码、单元任务源代码、微课视频等资源。读者可以通过人邮教育社区（https://www.ryjiaoyu.com）下载本书配套的相关资源。在阅读本书时，读者扫描书中的二维码，即可观看各个单元任务实现全过程的视频，其中的任务讲解与操作采用情景式教学模式，形象直观，知识难点简单化，突出能力培养。

由于作者水平有限，书中有不足之处在所难免，恳请广大读者提出宝贵的意见和建议。作者邮箱地址：swjbook@126.com。

编者

2023 年 4 月

目录 CONTENTS

单元 8

设计网页抽奖器 ··············· 198

参考文献

单元1
理解JavaScript脚本语言 01

【单元目标】

1. 知识目标
- 了解 JavaScript 的作用;
- 掌握 JavaScript 的特点、组成、核心特性及关键技术。
2. 技能目标
- 能够在 HTML 中引入 JavaScript 脚本文件;
- 能够熟练使用浏览器开发者工具进行程序调试。
3. 素养目标
- 树立正确的技能观,学好技能、服务社会。

【核心内容】

本单元的核心内容如图 1-1 所示。

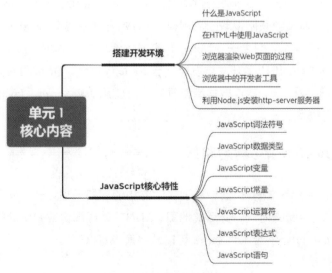

图 1-1　单元 1 核心内容

1.1 任务描述

JavaScript 是当下最流行的编程语言之一，也是一种网络脚本语言。JavaScript 被称为互联网语言，目前已广泛应用于 Web 应用开发中。使用该语言可以轻松实现跨平台、跨浏览器驱动网页及良好的交互功能。2015 年，ECMAScript 6 带来了一些新的 JavaScript 技术和解决方案，满足了开发人员的更多需求，其性能也有较大的提升，受到了越来越多的开发人员的追捧。JavaScript 顺应时代的需要不断地进步，将在更加广阔的舞台上大显身手。

本单元的主要任务是理解 JavaScript 脚本语言。

1.2 任务分析与设计

为了能够理解 JavaScript 脚本语言，需要了解 JavaScript 在整个 Web 中的地位和作用，理清学习路线，并从多角度去学习和领悟 JavaScript 的核心内容。读者应在学习的过程中多思考、多实践、多总结，通过学习和实践构建 JavaScript 知识结构。

1.2.1 JavaScript 在 Web 中的地位和作用

随着 Web 技术的发展，2005 年，Ajax 的出现给 JavaScript 赋予了新的生命。2009 年，Node.js 的诞生培育了 JavaScript 开发生态，出现了众多的库和开发工具，如 jQuery、Bootstrap、React、Vue、Angular、Svelte、webpack、Gulp 等。2014 年，HTML5 发布赋予了 JavaScript 更强的能力，并将其拓展到移动端的各类小程序和 WebApp 程序中。借助 Apache Cordova，可以使用 JavaScript 开发并生成供 Android 系统使用的 APK 文件和供 iOS 使用的 IPA 文件。借助 Electron 框架，可以使用 JavaScript 编写兼容 Linux、macOS 和 Windows 的桌面端应用，还可以开发嵌入式设备及物联网设备的应用。Web 后端开发中也有 JavaScript 的身影，Node.js 是目前最受程序员欢迎的架构之一，Node.js 的创作者瑞安·达尔（Ryan Dahl）也对新的 JavaScript 运行环境 Deno 进行了开发与设计。与 Node.js 相比，Deno 具有更高的性能、更强的安全性和更好的开发体验。就连数据库都开始广泛使用 JavaScript，JavaScript 是当之无愧的 Web 开发的核心技术之一。

1.2.2 JavaScript 学习路线

JavaScript 允许用户在 Web 页面中实现复杂的功能。如果想让一个网页不仅显示静态的信息，还显示随时间更新的内容、交互式地图、2D/3D 动画图像或者滚动的视频播放器等，这就需要用到 JavaScript。学习 JavaScript 可以从了解 Web 开始。

1. 什么是 Web

Web（World Wide Web）即全球广域网，也称为万维网，是一种基于超文本和 HTTP 的、全球性的、动态交互的、跨平台的分布式图形信息系统。1994 年，Tim Berners-Lee（蒂姆·伯纳斯·李）建立万维网联盟（World Wide Web Consortium，W3C），该组织聚集了许多技术公司的代表，他们共同制定了 Web 规范。

Web 规范是用来建立 Web 网站的技术，由一些标准机构创建。这些机构邀请不同技术公司的人员，就如何以最佳方式实现所有用例达成共识并发布标准。其中重要的标准机构有 Web 标准组织 W3C、负责 HTML 现代化的 WHATWG、发布 ECMAScript 的欧洲计算机制造商协会（European Computer Manufactures Association，ECMA）、发布 3D 图形技术的 Khronos Group 等。Web 的发展经历了 Web 1.0、Web 2.0 和 Web 3.0 这 3 个阶段。

Web 1.0 开始于 1994 年，此时的互联网处于早期形态。由网站的运营者生产内容。那时候的网站几乎不记录用户数据，想在网上进行复杂的活动几乎不可能。Web 1.0 依赖的是动态 HTML 和静态 HTML 网页技术，传统的门户网站（如新浪、搜狐、网易等）是 Web 1.0 的代表。

Web 2.0 始于 2004 年。在这个阶段，每个人都是网站内容的生产者，此时的互联网是一种以分享为特征的实时网络，用户可以实现互动，但是用户的网络身份不属于用户自己，而属于科技巨头。Web 2.0 以 Blog、TAG、SNS、RSS、Wiki、六度分隔、XML、Ajax 等技术和理论为基础，博客中国、校内网等是 Web 2.0 的代表。

Web 3.0 的说法来自区块链，以太坊的联合创始人 Gavin Wood（加文·伍德）博士第一个提出了 Web 3.0 概念。在这个网络中，一切都是去中心化的，没有服务器，没有中心化机构，更没有权威或垄断组织掌控信息流。要构造这样一个庞大的 Web 3.0，信息存储和文件传输的去中心化是核心。毕业于斯坦福大学的 Juan Benet（胡安·贝内特）和他的团队创建了星际文件系统（InterPlanetary File System，IPFS），重塑了数据航道，在数据确权、存储安全文件封发及传输效率方面都取得了很大的进步。Web 3.0 以区块链技术应用的以太网等为代表。

Web 的发展经历了基于网络互联的 Web 1.0、基于社交的 Web 2.0，以及去中心化的 Web 3.0，那么 Web 是如何工作的呢？当用户在浏览器的地址栏里输入一个网址时，浏览器在域名系统（Domain Name System，DNS）服务器上找出存放网页的服务器的实际地址，浏览器发送 HTTP 请求信息到服务器，以请求复制一份网页到客户端。在客户端和服务器之间传递的数据都是通过互联网使用 TCP/IP 传输的。在服务器同意客户端的请求后，会返回一个"200 OK"信息，这意味着"用户可以查看这个网页，服务器可以给用户发送数据"，并将网页的文件以数据包的形式传输到浏览器，浏览器将数据包聚集成完整的网页后将其呈现给用户。

2. HTML 知识

HTML 是一种标签语言，用来结构化网页内容并为其赋予内容和含义。标签根据语义可分为头部标签、分区标签、分组标签、表格标签、表单标签、交互式标签、编辑标签、嵌入式标签和文本类标签。

3. CSS 知识

CSS（Cascading Style Sheets）即层叠样式表，是一种样式规则语言，可将样式应用于

HTML 内容。CSS 按照模块可划分为选择器、盒模型、背景和边框、文字特效、2D/3D 转换、动画、多列布局和用户界面。

4．JavaScript 的核心特性

JavaScript 是一种脚本语言，可以用来创建动态更新的内容、控制多媒体、制作图像动画等。JavaScript 的核心特性主要有词法符号、数据类型、常量和变量、运算符和表达式、语句和函数、对象和事件等。

5．JavaScript 的对象操作技术

JavaScript 程序可以通过 window 对象、document 对象和 Element 对象遍历和管理文档内容。它可以通过操纵 CSS 样式，修改文档内容的呈现效果。

6．JavaScript 的事件驱动技术

JavaScript 是一种事件驱动的语言。JavaScript 与 HTML 的交互是通过事件实现的，事件发生在文档或浏览器窗口中。当事件发生时，执行监听器（处理程序）订阅的事件及其处理函数。在软件工程中，这种模式叫"观察者模式"，使用这种模式能够实现页面行为与页面呈现的分离。

目前很多浏览器都实现了 DOM Level2 Events 的核心部分，但是 Web 规范并没有涵盖所有的事件类型。HTML5 继承了 HTML4 的一些元素事件，也新增和摒弃了一些事件。JavaScript 的事件驱动技术是程序设计中的重要环节。

7．JavaScript 的 Web 应用技术

在为网站或应用编写 JavaScript 脚本时，经常要使用 Web API（Application Programming Interfaces，应用程序接口）。这些接口允许用户在一定程度上操纵网页运行的浏览器和操作系统，甚至来自其他网站和服务的数据。

API 是基于编程语言构建的结构，使开发人员能够更容易地实现复杂的功能。API 抽象了复杂的代码，并提供一些简单的、可以直接使用的接口规则。

API 是已经建立好的一套代码组件，让开发者可以实现原本很难实现的功能。就像用一些已经切好的木板组装一个书柜，显然比自己设计，寻找合适的木材并将其裁切至合适的尺寸和形状，再组装成书柜要简单得多。Web API 本身并不是 JavaScript 的一部分，却建立在 JavaScript 核心的顶部，为 JavaScript 代码提供额外的超强能力。Web API 通常分为浏览器内置 API 和第三方 API 两类。浏览器内置 API 能从浏览器和计算机周边环境中提取数据，并用来做有用的、复杂的事情。常用的有 DOM API、XMLHttpRequest API、Fetch API、canvas API、WebGL API、Web Audio API、WebRTC、Web Storage API 和 Geolocation API 等。

第三方 API 在默认情况下不会内置于浏览器中，通常必须在 Web 中的某个地方获取代码和信息。常用的有 Google Maps API 等。

1.3　关键知识和技术——搭建开发环境

传统的 JavaScript 运行环境是客户端的浏览器，目前主流的浏览器有 Google Chrome、

Microsoft Edge、Mozilla Firefox、Safari 等。为满足开发的需要，要选择一款好用的编辑器。为运行或测试服务端 JavaScript 脚本，还需要安装 Node.js 环境并配置 HTTP 服务器。了解 JavaScript 的特点及组成，掌握引入外部文件的 JavaScript 脚本、演染 Web 页面、使用开发者工具的方法等关键知识和技术，对编写高性能脚本是至关重要的。

1.3.1 什么是 JavaScript

JavaScript 是一种具有函数优先的轻量级、解释型、即时编译型的编程语言，是一种基于原型编程、多范式的动态脚本语言，支持面向对象、命令式和声明式（如函数式）编程风格。

JavaScript 在 1995 年由 Brendan Eich（布兰登·艾奇）发明，并于 1997 年成为 ECMA 标准。完整的 JavaScript 实现包括 ECMAScript、DOM 和 BOM 这 3 部分。

1. ECMAScript（核心部分）

ECMAScript 是一种脚本语言规范，由 ECMA 制定和发布，任何基于此规范的脚本语言都要遵守它的约定。JavaScript 就是一种基于 ECMAScript 规范的脚本语言，并在此基础上进行了封装。

从 2012 年起，几乎所有的浏览器都完整地支持 ECMAScript 5.1，旧版本的浏览器至少支持 ECMAScript 3。2015 年 6 月 17 日，ECMA 发布了 ECMAScript 的第 6 版，该版本的正式名称为 ECMAScript 2015（简称 ES 2015），特指该年发布的正式版本的语言标准。

ECMAScript 6 简称 ES6，是指 ECMAScript 5.1 后的 JavaScript 的下一代标准，涵盖 ES 2015、ES 2016、ES 2017 等。ECMAScript 的发展历程如图 1-2 所示。

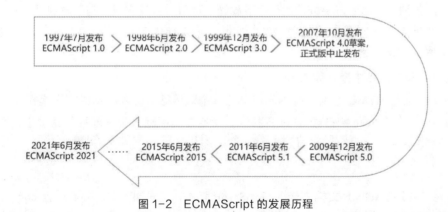

图 1-2　ECMAScript 的发展历程

2. DOM

DOM（Document Object Model，文档对象模型）是 HTML 和 XML 文档的编程接口。它提供了文档结构化的表述，并定义了一种利用程序访问该结构的方式，从而可以动态改变文档的结构、样式和内容。DOM 将文档解析为由节点和对象（包含属性和方法）组成的结构集合。其中文档的根节点是 document 节点，唯一子节点是 HTML 元素（也叫作文档元素），其他元素都是这个元素的子元素。

DOM 是由 Web 技术的标准化组织 W3C 进行标准化的，目前有 4 个等级。1998 年 10 月 1 日，DOM Level1 成为 W3C 的推荐标准，其目标是映射文档结构。2000 年 11 月 13 日，DOM Level2 成为 W3C 的推荐标准，它将 DOM 分为更多具有联系的模块，在原来 DOM 的基础上扩充了鼠标、用户界面事件、范围、遍历等细分模块，而且通过对象接口增加了对 CSS 的支持。2004 年 4 月 7 日，DOM Level3 成为 W3C 的推荐标准，它进一步扩展了 DOM，引入了以统一方式加载和保存文档的方法，这些方法定义在 DOM Load And Save 模块中。DOM Level3 同时新增了验证文档的方法，这些方法定义在 DOM Validation 模块中。目前，W3C 不再按照 Level 来维护 DOM，而是将其作为 DOM Living Standard 来维护，其快照称为 DOM 4。

除了 W3C 推荐的 DOM 标准，其他语言也发布了自己的 DOM 标准。例如，基于 XML 语言的 DOM 方法和接口：SVG、MathML 和 SMIL 等。

3．BOM

BOM（Browser Object Model，浏览器对象模型）支持访问和操作浏览器窗口。多年来，BOM 是在缺乏规范的背景下发展的，直到有了 HTML5。HTML5 规范涵盖了 BOM 的主要内容，因为 W3C 希望将 JavaScript 在浏览器中最基础的部分标准化。BOM 由多个对象组成，其中代表浏览器窗口的 window 对象是 BOM 的顶层对象，其他对象都是该对象的子对象。

1.3.2　在 HTML 中使用 JavaScript

JavaScript 是通过 script 标签插入 HTML 页面中的。将 script 标签与其他标签结合使用，可引入保存在外部文件中的 JavaScript 代码，还可以动态加载 JavaScript 代码。推荐使用引入外部文件的方法，这样更方便维护代码，下载的文件可以实现缓存。为了解决加载 JavaScript 代码导致的页面渲染明显延迟问题，现在的 Web 应用程序通常将 JavaScript 引用放在 body 元素中页面内容的后面。

1.在 HTML 文档中嵌入脚本

script 标签是 HTML 为引入脚本而定义的一个双标签。插入脚本的方法是将 script 标签置于 HTML 文档的 head 标签或 body 标签中，然后在其中写入脚本部分。语法格式如下。

```
<script>
    //JavaScript 脚本部分
</script>
```

【训练 1-1】在 HTML 文档中嵌入 JavaScript 脚本，代码如下。代码清单为 code1-1.html。

```
<!DOCTYPE html>
<html>
<head>
    <meta charset = "utf-8">
    <title></title>
</head>
<body>
    <script>alert("Hello World!")</script>
</body>
</html>
```

利用浏览器打开 code1-1.html，即可看到网页的效果。

2．引入外部文件的 JavaScript 脚本

引入外部文件的 JavaScript 脚本的方法是使用 script 标签的 src 属性来指定外部文件的 URL（Uniform Resource Locator，统一资源定位符）。语法格式如下。

```
<script src = "url"></script>
```

在使用 src 属性时，script 标签之间的任何内容都将被忽略。在默认情况下，脚本的执行是同步和阻塞的。

【训练 1-2】在 HTML 文档中引入外部文件的 JavaScript 脚本。

① 编写 HTML 文档，代码如下。代码清单为 code1-2.html。

```
<!DOCTYPE html>
<html>
<head>
    <meta charset = "utf-8">
    <title>在 HTML 文档中引入外部文件的 JavaScript 脚本</title>
</head>
<body>
    <script src = "js/hello.js"></script>
</body>
</html>
```

② 编写 JavaScript 脚本，代码如下。代码清单为 js/hello.js。

```
alert("Hello World!");
```

③ 利用浏览器打开 code1-2.html，即可看到网页的效果。

3.在 HTML 标签的事件中嵌入脚本

使用 HTML 标签可以将事件以属性的形式引入，然后将 JavaScript 脚本写在相应事件的事件处理程序中。例如，在 button 标签的事件中嵌入脚本，语法格式如下。

```
<button onclick="fnc"></button>
```

【训练 1-3】在 HTML 标签的事件中嵌入 JavaScript 脚本，代码如下。代码清单为 code1-3.html。

```
<!DOCTYPE html>
<html>
<head>
    <meta charset = "utf-8">
    <title></title>
</head>
<body>
    <button onclick="alert('Hello World!')">点我</button>
</body>
</html>
```

4．引入模块的脚本

如果想在 HTML 页面中使用 import 命令，需要使用 script 标签的类型指定属性 type。语法格式如下。

```
<script type = "module">...</script>
```

另一种形式如下。

```
<script type = "module" src="url"></script>
```

使用"type="module""会默认产生跨域请求，在本地打开文件的 file 协议并不支持该请求。使用"file://"访问文件和使用"http://"访问文件是不同的。

5. 延迟执行的脚本

HTML4.01 为 script 标签定义了 defer 属性，HTML5 规定此属性只用于引入外部脚本。这个属性表示浏览器可以在下载脚本时继续解析和渲染文档，直到文档的载入和解析完成，脚本才可以执行，相当于告诉浏览器立即下载并延迟执行脚本。语法格式如下。

```
<script defer src = "url"></script>
```

6. 异步执行的脚本

HTML5 为 script 标签定义了 async 属性（布尔属性，没有值），并规定此属性只用于引入外部脚本。这个属性表示浏览器可以在下载脚本时继续解析和渲染文档，告诉浏览器尽快执行脚本，不会在下载脚本时阻塞文档解析。异步脚本在 HTML 页面的 load 事件前执行。语法格式如下。

```
<scritp async src = "url"></script>
```

7. 动态加载的脚本

JavaScript 还可以通过向 DOM 中动态添加 script 标签来加载指定的脚本。

【训练 1-4】在 HTML 文档中动态加载脚本，代码如下。代码清单为 code1-4.html。

```
<!DOCTYPE html>
<html>
<head>
    <meta charset = "utf-8">
    <title></title>
</head>
<body>
    <script>
        let script = document.createElement('script');
        script.src = './js/hello.js';
        script.async = false;
        document.head.appendChild(script);
    </script>
</body>
</html>
```

1.3.3　浏览器渲染 Web 页面的过程

大多数显示设备的刷新频率是 60Hz，也就是浏览器对每一帧画面的渲染工作要在 16ms 内完成。超出这个时间，页面就会出现卡顿现象，影响用户的体验。浏览器通常主要由界面控件、浏览器引擎、渲染引擎、网络、UI（User Interface，用户界面）后端、JavaScript 解释器、数据存储持久层等组成。

用户请求的 HTML 文档通过浏览器的网络层到达渲染引擎后，渲染工作开始进行。浏览器在渲染的过程中以 8KB 为单位进行渲染，渲染的过程主要包括生成 DOM 树、构建 Render（渲染）树、布局 Render 树和绘制 Render 树 4 个阶段，如图 1-3 所示。

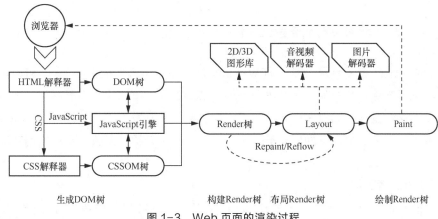

图 1-3　Web 页面的渲染过程

1. 生成 DOM 树

浏览器渲染引擎，在渲染时，首先解析 HTML 文档，生成 DOM 树。DOM 树的构建过程是深度遍历的过程。如果遇到 JavaScript 代码则将其交给 JavaScript 引擎处理，在 JavaScript 引擎运行脚本期间，GUI 渲染线程（负责渲染浏览器界面的 HTML 元素）会被保存在一个队列中，处于挂起状态，直到 JavaScript 引擎运行脚本的任务完成，才会接着执行。如果网页中包含 CSS 代码，则将其交给 CSS 解释器解析，没有被定义 CSS 的 HTML 元素，渲染引擎将默认样式应用到 HTML 元素上，最后解析生成 CSSOM（CSS Object Model，CSS 对象模型）树。

DOM 树的生成可能会被 CSS 和 JavaScript 加载执行阻塞。当 HTML 文档解析完毕后，浏览器继续进行 deferred 模式的脚本加载，整个解析过程结束后触发 DOMContentLoaded 事件，并在 async 文档执行完之后触发 load 事件。

2. 构建 Render 树

在生成 DOM 树的同时会生成样式结构体 CSSOM 树，然后根据 CSSOM 树和 DOM 树构造 Render 树。Render 树包含有颜色、尺寸等显示属性的盒子，这些盒子的排列顺序与显示顺序基本一致。

可以说，没有 DOM 树就没有 Render 树，但是它们之间不是简单的一对一的关系。Render 树用于显示内容，不可见元素不会在其中出现。

3. 布局 Render 树

布局（Layout）阶段是确定 Render 树上的每个节点在屏幕上的显示位置和大小信息的过程。

浏览器进行页面布局以浏览器可见区域为画布，以左上角（0,0）为坐标原点，从左到右、从上到下，从 DOM 的根节点开始绘制。首先确定显示元素的大小和位置，此过程是通过浏览器计算实现的，用户在 CSS 中定义的量未必就是浏览器实际计算采用的量。如果显示元素有子元素，得先确定子元素的显示信息。布局阶段输出的结果称为盒模型，盒模型精确表示了每一个元素的位置和大小，并且所有相对度量单位都转化为了绝对单位。

4. 绘制 Render 树

在绘制（Paint）阶段，渲染引擎会遍历 Render 树，并调用渲染对象的 paint()方法，将渲染对象的内容显示在屏幕上，绘制工作是使用 UI 后端组件完成的。

1.3.4　浏览器中的开发者工具

浏览器中的开发者工具是为专业的 Web 应用和网站开发人员提供的工具，可以帮助开发人员对网页进行布局、帮助前端工程师更好地调试脚本，还可以用来查看网页加载过程、获取网页请求（这个过程也叫抓包）等。总之，浏览器中的开发者工具是进行 JavaScript 脚本编程必不可少的强大工具。下面以 Chrome 浏览器为例，介绍开发者工具的常用功能及使用方法。

1. 启动开发者工具

在打开的 Chrome 浏览器中，按 Ctrl+Shift+I 组合键或 F12 键，或者在浏览器窗口中右击，然后从弹出的快捷菜单中选择"检查"命令，即可打开开发者工具面板，如图 1-4 所示。

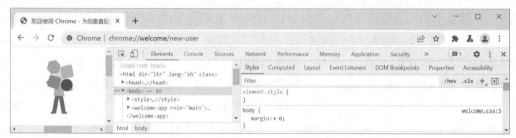

图 1-4　Chrome 浏览器的开发者工具面板

2. 认识开发者工具的选项卡及其功能

在开发者工具面板中，可通过单击标签进行选项卡的切换。在 JavaScript 开发中，开发者工具常用的选项卡及其功能如表 1-1 所示。

表 1-1　开发者工具常用的选项卡及其功能

选项卡	功能
Elements	用于确认 HTML 或 CSS 的状态
Console	用于记录开发过程中的日志信息，且可以用作与 JavaScript 进行交互的命令行
Sources	用于脚本的调试，可以设置断点、监视变量等
Network	在发起网页页面请求后分析 HTTP 请求，得到各个请求资源信息，可以根据这个进行网络性能优化，也可用于 Web 抓包，记录每个网络操作的相关信息
Performance	查找页面性能瓶颈
Application	记录网站加载的所有资源信息，包括本地存储数据、缓存数据、字体、图片、脚本、样式表等
Security	判断当前网页是否安全

3. 查看 HTML 或 CSS 的元素——Elements 选项卡

在 Elements 选项卡中，主要查看实时的 DOM 树，查看和编辑页面元素及元素属性。例如，选择页面中某个元素，然后在右侧的 Style 面板中就可以查看选中元素使用的样式。在编辑元素和样式时，浏览器会实时显示结果，这大大方便了元素和样式的调整。

4. 调试脚本——Sources 选项卡

在 Sources 选项卡中，单击代码左侧的行号即可设置断点，再次单击可删除断点。右击断点，在弹出的快捷菜单中选择"Edit breakpoint"命令，可以给断点添加中断条件。断点是指在运行中让脚本暂停或者显示停止的点。调试的基础便是使用断点中断脚本并查看这个断点处的脚本状态。

在设置完断点后，单击执行按钮，就会以行为单位执行代码。当 JavaScript 代码运行到断点处时会中断（添加了中断条件的断点在符合条件时中断），可以将鼠标指针移至变量上，此时在 Watch 面板中就可以查看变量的状态。在 Sources 选项卡中，有继续执行、单步跳过、单步进入、单步跳出等按钮，其功能及快捷键如表 1-2 所示。

表 1-2   代码执行相关按钮的功能及快捷键

按钮名称	功能	快捷键
Pause script excution	单步执行	F8 或者 Ctrl + \
Resume script excution	继续执行	
Step over next function call	单步跳过	F10 或者 Ctrl + `
Step into next function call	单步进入	F11 或者 Ctrl + ;
Step out of current function	单步跳出	Shift + F11 或者 Ctrl + Shift + ;
Deactivate breakpoints	取消断点	Ctrl + F8
Don't Pause on exceptions	不要在表达式处暂停	无快捷键

当在 Sources 选项卡中编辑文件时，单击选项卡中状态栏上的"{}"，可以将代码格式化为换行缩进的易于阅读的代码。选中一个字符或字符串，按 Ctrl + D 组合键，当前选中内容的下一个与之匹配的字符或字符串也会被选中，有利于同时对它们进行编辑。

说明：也可使用 debugger 语句调用可用的调试功能。

5. 查看信息和操作对象——Console 选项卡

Console 选项卡主要提供查看错误信息、日志和以交互方式运行代码的功能。在 Console 选项卡中输入 JavaScript 表达式后按 Enter 键，即可得到表达式的值。在 Console 选项卡中输入命令时，会弹出相应的智能提示框，可以按 Tab 键帮助补全当前未输入完的代码。

Console 选项卡支持使用某些变量和函数来选择 DOM 元素。选择元素的方法如表 1-3 所示。

表 1-3   选择元素的方法

方法	描述
$()	docment.querySelector()的简写，返回第一个和 CSS 选择器匹配的元素
$$()	document.querySelectorAll()的简写，返回一个和 CSS 选择器匹配的元素数组
$x()	返回与指定的 XPath 匹配的所有元素的数组

常用的输出信息的方法如表 1-4 所示。

表1-4　输出信息的方法

方法	示例	描述
console.log()	console.log('hello')	用于输出普通信息
console.info()	console.info('信息')	用于输出提示性信息
console.error()	console.error('错误')	用于输出错误信息
console.warn()	console.warn('警告')	用于输出警示信息
console.clear()	console.clear()	用于清除输出的信息

参数说明如下。

- 支持 printf()的占位符格式，支持的占位符有字符（%s）、整数（%d 或%i）、浮点数（%f）和对象（%o）。例如：console.log("%d 年%d 月%d 日",2011,3,26)。

查看对象的所有属性和方法可以使用 console.dir()方法，直接将它们输出到控制台。例如，console.dir(window)可以查看 window 对象的所有属性和方法。

在 Chrome 浏览器的开发者工具中，可以使用 copy()函数将在控制台获取到的内容复制到剪贴板，然后使用 Ctrl+V 组合键或粘贴命令，粘贴复制的内容。

【训练 1-5】 在 Console 选项卡中输入代码实现变量的复制。

打开浏览器，启动开发者工具，选择 Console 选项卡，输入以下代码。

```
let x={name:'frank',age:20,run:function(){return 1}};
copy(x);
```

结果为：{name:'frank',age:20}。

说明：结果返回的只是 JavaScript 对象的属性部分，也就是说 JavaScript 对象的方法部分不会被复制到剪贴板中。

Web 应用越来越重要，JavaScript 的性能也日益受到重视，掌握性能测试的相关知识，对优化代码很有帮助。

跟踪代码执行消耗的时间，使用 console.time()和 console.timeEnd()两个方法来实现。console.time()方法是计算的起始方法，一般用于计算程序执行的时长。console.timeEnd()方法为计算的结束方法，将程序的执行时长显示在控制台。

【训练 1-6】 跟踪代码执行消耗的时间，代码如下。代码清单为 code1-6.html。

```
<!DOCTYPE html>
<html>
<head>
    <meta charset = "utf-8">
    <title>跟踪代码执行消耗的时间</title>
</head>
<body>
    <script>
        console.time();
        let arr = new Array(10000);
        for (let i = 0; i < arr.length; i++) {
            arr[i] = new Object();
        }
```

```
            console.timeEnd();  //default: 0.705078125 ms（因运行环境不同，时间可
能不一样）
        </script>
    </body>
</html>
```

1.3.5 利用 Node.js 安装 http-server 服务器

Node.js 是一个基于 Chrome V8 引擎的 JavaScript 运行环境。JavaScript 代码除可以使用
浏览器在前端执行外，也可以通过 Node.js 在服务端
执行。

1. 下载并安装 Node.js

访问 Node.js 官网地址 https://nodejs.org/en/，打开
下载页面，下载 Node.js 最新版本或稳定版本的安装
包，如图 1-5 所示。

打开下载好的文件，根据提示进行安装操作，默
认安装路径为"C:\ProgramFiles\nodejs"。安装完成后，
打开终端验证安装是否成功。

图 1-5　Node.js 官方网站

按 Win+R 组合键，弹出"运行"对话框，在其中输入"cmd"，单击"确定"按钮，弹
出命令行窗口，输入命令"node -v"，安装成功则会显示当前 Node.js 的版本信息。

2. 安装并启动 http-server 服务器

http-server 是一个简单的零配置的命令行 http 服务器，功能强大，常用于本地测试和开发。

在命令行窗口中，输入使用 npm 安装 http-server 的命令"npm install http-server -g"。安
装完成后，进入项目文件夹，利用命令行命令"http-server"启动 http-server 服务器。

【训练 1-7】启动 http-server 服务器。

打开命令行窗口，在"D:\"目录下创建目录"jswww"，然后进入此目录，输入"http-server"
后按 Enter 键，启动 http-server 服务器。具体操作如图 1-6 和图 1-7 所示。

图 1-6　创建目录

图 1-7　启动 http-server 服务器

打开浏览器，在地址栏中输入"127.0.0.1:8080"，访问 http-server 服务器，效果如图 1-8 所示。

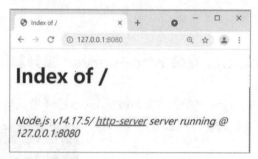

图 1-8　访问 http-server 服务器的效果

1.4　任务实现

要想理解 JavaScript 脚本语言，就要先认识 JavaScript 的核心特性。JavaScript 的核心特性主要包括词法符号、数据类型、变量、常量、运算符、表达式和语句等。

1.4.1　认识 JavaScript 词法符号

词法符号是程序设计语言的基本规则，是学习编程应该掌握的基本知识。

1．字符集

JavaScript 程序是使用 Unicode 字符集编写的。Unicode 是一种字符集标准，用于对不同语言、文字与符号进行编号和字符定义。通过给每个字符分配编号，程序员可以创建字符编码，让计算机在同一个文件或程序中存储、处理和传输由不同语言、文字或符号组合而成的数据。常见的 Unicode 有以字节为单位进行编码的 UTF-8、以 16 位无符号整数为单位进行编码的 UTF-16 和以 32 位无符号整数为单位进行编码的 UTF-32。因为 Unicode 兼容 ASCII（American Standard Code for Information Interchange，美国信息交换标准代码），所以 JavaScript 可以在程序中使用本地的字符、特殊的科学符号和 ASCII 等。

2．大小写敏感性

JavaScript 是区分大小写的语言。也就是说，关键字、变量名、函数名等都必须注意大小写。

3．空格、制表符和换行符

JavaScript 会忽略程序中标识符之间的空格、制表符和换行符，除非它们是字符串或正则表达式字面量的一部分。

4．可选的分号

在 JavaScript 中，分号代表一个语句的结束。因此，可以在一行代码中输入多个 JavaScript 语句。如果每个语句分别放置在不同的行中，可以省略分号，但这并不是一种好的编程习惯，应该习惯使用分号。

5．注释与文本换行符

注释用于解释代码的功能或不让某些代码执行（当调试程序时）。JavaScript 中的注释有单行注释和多行注释两种。

单行注释只能注释一行代码，以"//"开始，到一行结束为止。多行注释可以注释一行或一段代码，以"/*"开始，以"*/"结束。

在 ECMAScript 3 中，字符串字面量必须写在一行中。在 ECMAScript 5 中，字符串字面量可以写在多行中，每行（除最后一行外）必须以反斜线"\"结束，反斜线和行结束符都不是字符串字面量。如果希望在显示结果中的字符串字面量后另起一行，可以使用转义字符"\n"。在 ECMAScript 2015 中，实现输出多行文本的方法是利用重音号"``"将字符串字面量括起来，在需要换行的地方直接按 Enter 键，此处的换行将同步出现在输出结果中。

6．标识符

标识符是用户在程序设计中给特定内容起的名字。在 JavaScript 程序设计中，需要由用户定义的标识符有变量名、对象名、符号常量、函数名等。

JavaScript 标识符的构成规则是第一个字符必须是英文字母、下划线"_"或符号"$"，接下来的字符可以是英文字母、数字、下划线"_"或符号"$"。JavaScript 标识符不能使用 JavaScript 保留字。例如，a、ab、size、Max、x1、y25 及 fun_1 等都是合法的标识符；而 3xy、"work"、lable:、Hi-4、list length 和 break 等都是非法的标识符。

为了便于记忆和阅读，最好使用相应的英文或汉语拼音作为标识符。下划线常用于连接两个英文单词或汉语拼音。在 ECMAScript 规范中，标识符采用驼峰命名法。根据首字母是否大写，它又分为大驼峰式（PascalCase）和小驼峰式（camelCase）两种命名法。

7．关键字和保留字

关键字和保留字是 JavaScript 中预定义的、由英语小写字母组成的特定单词。每个关键字和保留字都被 JavaScript 赋予了一定的含义，具有相应的功能。在编程时不能将关键字和保留字用作标识符。ECMA-262 第 6 版规定的所有关键字如表 1-5 所示。

表 1-5　ECMA-262 第 6 版规定的所有关键字

break	case	catch	class	const
continue	debugger	default	delete	do
else	export	extends	finally	for
function	if	import	in	instanceof
new	return	super	switch	this
throw	try	typeof	var	void
while	with	yield		

ECMA-262 第 6 版中还有一些未来保留字，这些保留字虽然现在没有用到 JavaScript 中，但是仍保留了它们，以备将来扩展语言时使用，如表 1-6 所示。

表 1-6　ECMA-262 第 6 版的未来保留字

enum	implements	interface	let	package
protected	private	public	static	await

此外，每个特定 JavaScript 嵌入的客户端或服务器端都有自己的全局属性，它们的名字也不能作为标识符。ECMAScript 标准定义的全局变量名和全局函数名如表 1-7 所示。

表 1-7　ECMAScript 标准定义的全局变量名和全局函数名

arguments	encodeURI	Infinity	Object	String
Array	Error	isFinite	parseFloat	SyntaxError
Boolean	escape	isNaN	parseInt	TypeError
Date	eval	Math	RangeError	undefined
decodeURI	EvalError	NaN	ReferenceError	unescape
decodeURIComponent	Function	Number	RegExp	URIError

1.4.2　认识 JavaScript 数据类型

数据是记录概念和事物的符号表示，在编写程序代码时需要对存储在内存中的数据进行处理，能够用于表示和处理的数据的类型称为数据类型。

截止到 ECMAScript 2020，ECMAScript 标准已定义了 8 种数据类型：Boolean、Null、Undefined、Number、BigInt、String、Symbol 和 Object。其中，Object 是引用数据类型，其他类型为原始数据类型。原始数据类型是编程语言内置的基础数据类型，都是不可变的，可用于构造复合数据类型。

因为 ECMAScript 的数据类型是松散的，所以需要一种手段来确定操作数的数据类型。将 typeof 运算符放在某个操作数的前面，其运算结果为表示这个操作数的数据类型的一个字符串。instanceof 运算符用于判断一个对象是否是一个类的实例（Instance），instanceof 的左操作数是对象、右操作数是对象的类。

1. Boolean

Boolean（布尔）类型是 JavaScript 中最常用的类型之一，用来描述事物的真与假、是与非等概念，其构造函数（Constructor，又称为构造器）是 Boolean()。它有两个值，分别为 true 和 false。

任何值都可以转换成布尔值。例如，false、0、空字符串""、NaN、null 及 undefined 都可以被当成或转换成 false；其他值都可以被当成或转换成 true。当需要接收布尔值时，可以使用 Boolean()构造函数来将传入的值转换成布尔值。

【训练 1-8】使用 Boolean()构造函数将传入的值转换为布尔值，代码如下。代码清单为code1-8.html。

打开 Chrome 浏览器的开发者工具，在"Console"选项卡中就可以完成代码的测试操作，也可以使用 console.log()函数输出其圆括号内的数据或文字内容。

```
Boolean("")       //false
Boolean(123)      //true
typeof true       //"boolean"
```

2. Null

Null（空）类型的数据只有一个值 null，即它的字面量，无构造函数。null 是 JavaScript 的关键字，在一般情况下，如果定义的变量是为了保存某个值，则可以将其赋值为 null。

【训练 1-9】定义一个变量用于以后保存某个值，代码如下。代码清单为 code1-9.html。

```
var returnObj=null
typeof null            //"object"
```

3. Undefined

Undefined 类型的数据只有一个值 undefined，无构造函数。当定义的变量未初始化时，该变量的默认值是 undefined。当函数无明确返回值时，会返回 undefined。undefined 是 JavaScript 中的全局变量。

【训练 1-10】定义未初始化的变量，代码如下。代码清单为 code1-10.html。

```
var x;
console.log(x);                    //undefined
console.log(typeof undefined);     //"undefined"
console.log(null == undefined);    //true
console.log(null === undefined);   //false
```

undefined 实际上是从 null 派生来的，因此 JavaScript 把它们视为相等。

尽管这两个值相等，但它们的含义不同。当定义了变量但未对其初始化时，赋予该变量的值为 undefined，null 则表示尚未存在的对象。如果函数或方法要返回的值是对象，那么当找不到该对象时，返回值通常是 null。如果使用全等运算符对 undefined 和 null 进行比较，则会得到 false。

注意：null 不是对象，但可以将其理解为对象的占位符。

4. Number

Number 类型的数据用来描述数字，既可以描述整数，也可以描述浮点数，其构造函数是 Number()。这种类型的数据既可以表示 32 位的整数，也可以表示 64 位的浮点数。

直接输入的数字会被看作 Number 类型的字面量。非常大或非常小的数可以使用科学计数法进行描述。

【训练 1-11】查看以下代码的输出结果。代码清单为 code1-11.html。

```
console.log(86);        //十进制数 86
console.log(0o70);      //八进制数 070（等于十进制的 56），前两个字符必须是 0o
console.log(0x1f);      //十六进制数 0x1f（等于十进制的 31），前两个字符必须为 0x
console.log(5.0);       //5，浮点数必须包括小数点
console.log(5.618e7);   //56180000，非常大或非常小的数用科学计数法表示
```

尽管所有整数都可以表示为八进制或十六进制的字面量，但所有数学运算返回的值都是

十进制结果。ECMAScript 默认把具有 6 个或 6 个以上前导 0 的浮点数用科学计数法表示，也可用 64 位 IEEE 754 形式存储浮点数。

5. BigInt

BigInt 类型是 JavaScript 中的原始数据类型，可以表示任意精度的整数。使用 BigInt 类型可以安全地存储和操作大整数。BigInt 类型是通过在整数末尾附加 n 或调用构造函数 BigInt() 来创建的（不支持 new BigInt()）。

通常使用常量 Number.MAX_SAFE_INTEGER 可以获得用数字递增的最安全的值。引入 BigInt 可以操作超过 Number.MAX_SAFE_INTEGER 的数字。

【训练 1-12】 操作超过 Number.MAX_SAFE_INTEGER 的数字，代码如下。代码清单为 code1-12.html。

```
let x = 2n ** 53n;
console.log(x);              //9007199254740992n
console.log(x + 1n);         //9007199254740993n
console.log(BigInt("123456789012345678901234567890123456789"));  //123456
789012345678901234567890n
console.log(BigInt(126n));   //126n
console.log(typeof 53n);     //"bigint"
console.log(typeof BigInt);  //"function"
```

BigInt 类型的数值不能与 Number 类型的数值进行混合操作，否则，将抛出 TypeError 的错误。

【训练 1-13】 进行 Number 与 BigInt 类型的相互转换，代码如下。代码清单为 code1-13.html。

```
var bigint = 1n;
var number = 2;
//将 Number 类型的数字转换为 BigInt 类型的数字
console.log(bigint + BigInt(number));     //3n
//将 BigInt 类型的数字转换为 Number 类型的数字
console.log(Number(bigint) + number);     //3
console.log(Object(BigInt(127)));         //创建 BigInt 包装对象 BigInt {127n}
```

如果 BigInt 类型的数字太大而 Number 类型无法容纳，则会截断其中多余的位，因此应谨慎进行此类转换。

6. String

String 类型的独特之处在于它是唯一没有固定大小的原始类型，可以由 Unicode 字符组成的字符序列表示，其构造函数为 String()。字符串可以使用单引号"''"、双引号"""" 或重音号"``"表示。

字符串中的每个字符都有特定的位置，首字符在位置 0，第二个字符在位置 1，依此类推。这意味着字符串中最后一个字符的位置是字符串的长度减 1。

因为 JavaScript 没有字符类型，所以可使用字符串字面量来表示单个字符。利用转义字符可以在字符串中添加不可显示的特殊字符，或者防止出现引号匹配混乱的问题。常用的转义字符如表 1-8 所示。

表 1-8　常用的转义字符

转义字符	含义	Unicode
\b	退格符	\u0008
\t	水平制表符	\u0009
\n	换行符	\u000A
\v	垂直制表符	\u000B
\f	换页符	\u000C
\r	回车符	\u000D
\"	双引号	\u0022
\'	单引号	\u0027
\\	反斜线	\u005C
\xnn	十六进制代码	nn 表示的字符（n 是一个十六进制字符）
\unnnn	Unicode 代码	nnnn 表示的 Unicode 字符（n 是一个十六进制字符）

【训练 1-14】使用转义字符添加不可显示的特殊字符，代码如下。代码清单为 code1-14.html。

```
var zipcode = 130000;
console.log(`My city\'s zip code is ${zipcode}.`);
//返回结果: My city's zip code is 130000.
```

7. Symbol

Symbol 是 ECMAScript 2015 引入的原始数据类型，它的一个重要特征是每一个 Symbol 值都是唯一的且不可改变的。Symbol 值主要用作对象属性的标识符，有助于解决属性命名冲突的问题。

JavaScript 提供了全局函数 Symbol() 来创建独一无二的 Symbol 类型的值（非字符串）。该函数可以接收一个字符串作为参数，为新创建的 Symbol 提供描述，便于区分。

每次调用 Symbol() 函数都会生成一个不同的 Symbol 值，使用 typeof 操作符检测符号会返回 symbol。其语法格式如下。

```
Symbol([description])
```

参数说明如下。

- description 为可选的参数，为字符串类型的数据，是对 Symbol 的描述，可用于调试但不能用于访问 Symbol 本身。

【训练 1-15】创建 Symbol 实例，代码如下。代码清单为 code1-15.html。

```
var sym = Symbol();
console.log(typeof sym); //symbol
const obj = {
    [sym]: 'some value'
};
//使用相同参数但 Symbol() 返回的值不相等
var sy1 = Symbol("kk");
var sy2 = Symbol("kk");
console.log(sy2 === sy1); //false
```

说明：Symbol()函数不能作为构造函数与 new 关键字一起使用，目的是避免创建符号包装对象。

8. Object

JavaScript 中最为复杂的数据类型是 Object 类型，它是一系列对象属性的无序集合，其构造函数是 Object()。每个对象属性都是一个名/值对，对象属性名使用键值来标识，键值只能为字符串或 Symbol 值，对象属性值可以是任意数据类型的值，即可以为 Undefined、Null、Boolean、String、Number、Symbol 和 Object 类型的值。当对象属性为函数时，通常称之为方法。存取器属性是由一个或两个存取器方法组成的，存取器方法分为 get()方法和 set()方法两种，分别用于获取和设置属性值。JavaScript 对象除了自有的属性，还可以从原型（prototype）对象继承属性，这种"原型式继承"是 JavaScript 的核心特征。

可以通过 JavaScript 的构造函数、对象字面量和内置的构造函数来创建对象，然后为对象添加属性和方法。

【训练 1-16】用不同的方法创建对象实例，代码如下。代码清单为 code1-16.html。

```
//方法一: 使用 Object()构造函数创建对象实例
let o = new Object(); //或写为 let o = new Object;
//方法二: 使用字面量创建对象实例
var stu = {
    id: "0001",
    name: "peter",
    age: 20
};
//方法三: 使用内置的 String()构造函数创建字符串对象
const hi = new String("hi");
console.log(hi);
```

ECMAScript 中的 Object 对象是派生其他对象的基类。Object 对象的所有属性和方法在派生的对象上同样存在。Object 类型的标准的内置对象有 Array、Boolean、Date、Error、Function、JSON、Math、Number、Object、RegExp、String、Map、Set、WeakMap、WeakSet等。Function 是实现了私有属性[[call]]的 Object 对象，JavaScript 脚本的执行环境也提供一些对象，称为宿主对象。

检测基本的数据类型使用 typeof，检测对象类型一般使用 Object.prototype.toString.call()或 Object.prototype.toString.apply()。

【训练 1-17】检测基本的数据类型和对象类型，代码如下。代码清单为 code1-17.html。

```
    var m = 56,
        k1 = "abc";
    console.log(typeof m);                            //number
    console.log(Object.prototype.toString.apply(k1));  //[object String]
```

1.4.3 认识 JavaScript 变量

程序设计中的一个重要内容就是在计算机内存中存储和操作数值。变量就是程序中一个已命名的存储单元。

1. 什么是变量

在程序运行期间，程序可以向系统申请分配若干内存单元，用来存储各种类型的数据。系统分配的内存单元要使用标识符来标识，并且其中的数据是可以更改的，所以称之为变量。每定义一个变量，系统就会为之分配一块内存，程序可以用变量名来表示这块内存中的数据。ECMAScript 的变量是松散类型的，可以保存任何类型的数据。因而在定义一个变量时不必确定其类型，在使用或赋值时会自动确定其数据类型。

可以使用 var 与 let 关键字来定义变量，let 和 var 最大的区别在于变量的作用域。

2. 使用 var 定义变量

定义变量又称声明变量或创建变量，可使用 var（Variable 的缩写）后接变量名来完成变量的定义。

使用 var 定义变量时，可以为变量赋初始值。若变量未进行初始化，则其默认值为 undefined。var 和变量名之间至少要有一个空格，变量名要符合标识符命名规范。使用 var 也可以一次性定义多个变量，但变量之间必须使用逗号进行分隔。其语法格式如下。

```
var 变量名;
var 变量1,变量2,...;
```

虽然定义变量是一个好习惯，但在 JavaScript 中定义变量不是必需的。当 JavaScript 的解释程序遇到未定义的变量时，将用该变量名来创建一个全局变量，并将其初始化为指定的值。

使用 var 定义的变量具有提升的特性，这是因为一段代码在开始执行之前会先建立执行环境，这时变量、函数等对象会被创建，直到运行时它们才会被赋值。这就是使用变量的代码即使放在定义变量的代码之前，代码仍然可以正常运行的原因。由于定义阶段变量尚未赋值，因此变量会自动以 undefined 进行初始化。

【训练 1-18】实现变量提升，先使用变量后定义变量，代码如下。代码清单为 code1-18.html。

```
console.log(x);        //undefined
var x;
```

3. 使用 let 定义变量

使用 let 定义的变量只能在其定义的作用域内使用。

使用 let 定义变量是通过 let 后接变量名来完成的。在定义变量时，可以为变量赋一个初始值。若变量未初始化，则其默认值为 undefined。其语法格式如下。

```
let 变量名;
let 变量1,变量2,...;
```

使用 var 定义的变量存在变量提升的情况，变量提升会使变量在定义之前可以被访问；而使用 let 定义的变量不存在变量提升的情况，所以如果在定义变量之前访问变量，就会抛出异常。

在同一区块内不可以定义同名变量，而且变量在尚未初始化之前不会以 undefined 作为初始值。因此从变量定义到初始化之前，变量无法进行操作，这段时间称为暂时性死区。如果在变量尚未初始化之前去操作它，就会抛出异常。

【训练 1-19】在变量定义之前先使用 let 定义的变量，会抛出异常，代码如下。代码清单为 code1-19.html。

```
console.log(x);          //Uncaught ReferenceError: x is not defined
let x;
```

使用 var 定义的变量是 window 对象的属性，使用 let 定义的变量不再是 window 对象的属性。

4. 变量的赋值

变量的作用是存储数据，因此，在定义变量之后往往要给变量赋值。使用赋值运算符"="可以将字符串、数字、布尔值、数组等赋给变量。其语法格式如下。

```
变量名 = 值;
```

JavaScript 允许给未定义的变量赋值。除可以使用字面量给变量赋值外，还可以使用表达式给变量赋值。

【训练 1-20】利用第三个变量，完成两个变量值的互换，代码如下。代码清单为 code1-20.html。

```
let a = 3,
    b = 5;
let c;
c = 3;
a = b;
b = c;
console.log(a, b);       //5 3
```

5. 变量的作用域

变量的定义与调用都在固定的范围内进行，这个范围称为作用域。根据作用范围，作用域可分为不同类型。如果变量定义在全局环境中，那么在程序的任何位置都可以访问这个变量，这样的作用域称为全局作用域；如果变量定义在函数内部，那么只能在函数内部访问这个变量，这样的作用域称为函数作用域；如果变量定义在一个代码块中，那么只能在代码块中访问这个变量，这样的作用域称为块级作用域。

（1）使用 var 定义的变量的作用域。

使用 var 定义的变量只支持全局作用域和函数作用域，不支持块级作用域。

【训练 1-21】检测使用 var 定义的变量的作用域，代码如下。代码清单为 code1-21.html。

```
var x = 2;
function cal() {
    var x = 5,
        y = 1;
    console.log(x + y);
}
cal();                   //6
console.log(x);          //2
```

（2）使用 let 定义的变量的作用域。

在块级作用域或者函数作用域中使用 let 定义变量时，定义的变量只在作用域内有效。块级作用域指的是块语句创建的作用域。在语法上，块语句使用一对花括号"{}"括起来。

使用 let 定义的变量在区块内属于局部变量，在区块外属于全局变量，打破了使用 var

定义的变量的作用域仅限于函数的局限。所以，推荐使用 let 代替 var 定义变量。

【训练 1-22】使用 let 定义块级作用域的变量，代码如下。代码清单为 code1-22.html。

```
if(true){
    let age = 21;
    console.log(age)    //21
}
console.log(age)        //Uncaught ReferenceError: age is not defined
```

1.4.4 认识 JavaScript 常量

JavaScript 常量是指在程序运行的整个过程中其值始终不改变的量，主要用于为程序提供固定和精确的值。

按照常量表示方法的不同，可将常量分为符号常量（又称标识符常量）和字面常量（简称字面量，又称直接量）两种类型。符号常量是指在使用之前用一个标识符来表示的常量。字面量（Literal）是指在程序运行的整个过程中其值始终不改变，并且字面本身就是其值的常量，即程序中直接显示出来的数据。

1. 符号常量

使用符号常量时，值的含义更加明确，增强了代码的可读性。

符号常量需要使用 const 关键字来定义，并且在定义时必须为其设置一个初始值，其语法格式如下。

```
const 常量名 = 初始值;
```

符号常量的命名规则基本遵循标识符的命名规则，但是为了更容易识别出符号常量，通常全部使用大写字母为其命名并且用下划线来连接单词，如 USER_NAME。

使用 const 定义的常量在初始化之后其值不允许修改。严格来说，保存符号常量值的内存地址不能被修改。对原始类型的符号常量来说，符号常量保存着内存地址的值，不能直接修改；而对引用类型的符号常量来说，符号常量保存的是一个指向数据内存地址的指针，只要该指针固定不变，就可以改变数据本身的值。引用类型的符号常量的命名可以参照变量的命名规则。

【训练 1-23】使用 const 定义常量，代码如下。代码清单为 code1-23.html。

```
//定义原始类型的符号常量
const PRICE = 100;
console.log(PRICE * 0.8); //80
//定义引用类型的符号常量
const data = [1, 2];
data[0] = 3;
data[2] = 4
console.log(data)       //[3,2,4]
data = null;            //Uncaught TypeError: Assignment to constant variable.
```

符号常量在块级作用域内有效，且不能重复定义同一符号常量。

【训练 1-24】检测符号常量在块级作用域内的有效性，代码如下。代码清单为 code1-24.html。

```
if(true) {
    const MAX = 123;
```

```
}
console.log(MAX);        //Uncaught ReferenceError: MAX is not defined
```

使用 const 定义的符号常量只能在定义之后使用，在定义之前使用会产生暂时性死区。

【训练 1-25】检测符号常量是否产生暂时性死区，代码如下。代码清单为 code1-25.html。

```
if(true) {
    console.log(MAX)
    const MAX = 123;
}
//Uncaught ReferenceError: Cannot access 'MAX' before initialization
```

说明：在浏览器环境中，使用 const 定义的常量不再是全局对象的属性。

2. 数字字面量

数字字面量可以进一步分为整数字面量和浮点数字面量。

整数字面量可以使用十进制数（数的有效范围是 $-2^{53} \sim 2^{53}$）、十六进制数、八进制数和二进制数来表示。除十进制数外，其他进制数需要使用数字 0 和字母组合成前缀，十六进制数的前缀为 0x（或 0X）、八进制数的前缀为 0o（或 0O）、二进制数的前缀为 0b（或 0B）。

浮点数字面量不仅可以表示小数，也可以表示指数。以 10 为底的指数，用 e 或 E 表示底，例如 3.14e5 表示的是 3.14×10^5。

数字字面量的常用特殊值有 Number.MIN_VALEU（最小值）、Number.MAX_VALUE（最大值）、Number.MIN_SAFE_INTEGER（安全的最小整数）、Number.MAX_SAFE_INTEGER（安全的最大整数）、Infinity（正无穷大）和-Infinity（负无穷大）。

3. bigint 字面量

bigint 字面量是 BigInt 数据类型的子类型，因此可以对其进行赋值操作。

【训练 1-26】使用 bigint 字面量给变量赋值，代码如下。代码清单为 code1-26.html。

```
const ONE = 1n;
console.log(ONE);         //1n
```

4. 字符串字面量

字符串字面量就是直接通过单引号"''"、双引号"""或重音号"``"定义的字符串。

单引号和双引号都可以用来定义字符串，它们是等效的，只不过使用单引号开头的字符串就要使用单引号结尾，双引号也是如此，例如'Hello JavaScript'和"Hello JavaScript"。在字符串中如有同类引号，可以使用转义字符来处理。

重音号是用来定义模板字符串的，可以方便地实现动态字符串的拼接和多行字符串的创建等。模板字符串会保留重音号中的格式。重音号不仅使用方法简单，而且还可以使程序代码简洁易读。

【训练 1-27】创建模板字符串常量，代码如下。代码清单为 code1-27.html。

```
const template = `
<table border = 1>
    <tr>
        <th>序号</th>
        <th>姓名</th>
        <th>联系方式</th>
```

```
        </tr>
        <tr>
                <td>1</td>
                <td>皮特</td>
                <td>0431-18801234567</td>
        </tr>
</table>`;
document.write(template);
```

模板字符串字面量可以使用字符串占位符，字符串占位符使用"${}"表示，在花括号中可以插入 JavaScript 表达式。当程序执行到模板字符串字面量中的表达式时，会计算表达式并返回其结果。

【训练 1-28】使用字符串占位符实现解析变量的效果，代码如下。代码清单为 code1-28.html。

```
var name = "Frank";
var hi = `Hello, ${name}`
console.log(hi);
```

5. 布尔字面量

布尔字面量有两个，分别为 true 和 false。

6. 空字面量

空字面量表示没有相应的值，用来表示空的状态。空字面量只有一个，为 null。

7. 未定义值字面量

未定义值字面量 undefined 用来表示某个变量的值没有被定义，一般用于某个变量被定义了但是没有赋值、访问未定义的属性、函数中没有返回值的情况。

8. 函数字面量

函数字面量是指在代码中可以直接作为值使用的匿名函数，可以为其指定一个函数名，可以用于在函数内部代指函数本身。其语法格式如下。

```
function(参数 1,参数 2,...) {函数体}
```

【训练 1-29】将函数字面量作为对象方法的值，代码如下。代码清单为 code1-29.html。

```
var person = {
        name: "tom",
        age: 23,
        tell: function() {
                alert(this.name);
        }
}
console.log(person)
```

9. 数组字面量

数组字面量常用于创建数组。数组字面量使用一对方括号"[]"作为定界符，方括号里包含多个数组元素，数组元素之间使用逗号分隔，数组元素可以是任何类型的数据。其语法格式如下。

```
[元素 1,元素 2,元素 3,...]
```

【训练 1-30】定义数组字面量，代码如下。代码清单为 code1-30.html。

```
const team = ["Tom", "John", "Smith", "Kobe"];
console.log(team[2]);                    //Smith
```

10. 对象字面量

对象字面量也叫作对象初始化器，是创建对象的常用方法。对象字面量使用一对花括号"{}"作为定界符，花括号中可以有多个属性和方法，属性和方法之间用逗号作为分隔符，而属性名和属性值、方法名和方法值之间使用冒号作为分隔符。

对象字面量的数据属性由属性名和属性值组成，其语法格式如下。

```
{ propertyName: propertyValue, ...}
```

【训练 1-31】定义对象字面量，代码如下。代码清单为 code1-31.html。

```
let person = {
    name:"Matt",
    sayName:function() {
        console.log(`My name is ${this.name}.`)
    }
};
person.sayName();                    //My name is Matt.
```

说明：更多对象的使用方法见单元 5 中的 5.3 关键知识和技术。

11. 正则表达式字面量

正则表达式（Regular Expression）是由普通字符及特殊字符（也称元字符）组成的文字模式，能明确描述文本字符和文字匹配模式。

正则表达式字面量使用一对斜线"/ /"作为定界符，要将正则表达式整体放入这对斜线之中，其语法格式如下。

```
/pattern/flags;
```

参数说明如下。

- flags 是决定正则表达式的动作参数，是一个可选的修饰性标志，其值可以为 g（全局）、i（忽略大小写）、m（多行字符串匹配）等。

【训练 1-32】利用正则表达式进行字符串查找，代码如下。代码清单为 code1-32.html。

```
var reg = /you/;
var target = "just do you best you can";
console.log(target.search(reg));      //8（查找结果所在位置）
```

1.4.5 认识 JavaScript 运算符

JavaScript 中定义了丰富的运算功能，具体包括算术运算、字符串运算、比较运算、逻辑运算、赋值运算和特殊运算等。

参与数据运算的符号叫运算符，又称为操作数，操作数可以是变量、常量、数组、对象、函数等。

按运算符要求操作数的数量，可将运算符分为单目（或一元）运算符、双目（或二元）运算符和三目（或三元）运算符。单目运算符一般位于操作数之前，如取 x 的负值，表达式为-x。双目运算符一般位于两个操作数之间，例如，计算 a 与 b 之和，表达式是 a+b。三目运算符仅有一个，即条件运算符（?:)，其中的两个运算符将 3 个操作数分开。

每一种运算符都有优先级，用来决定它在表达式中的运算次序。当一个表达式中包含多个运算符时，先执行优先级高的运算符。当表达式中有多个同一优先级的运算符时，其运算顺序由运算符的关联性确定。

1．算术运算符

算术运算符以两个字面量或变量为操作数，并返回单个数值。算术运算符及其相关介绍如表 1-9 所示。

表 1-9　算术运算符及其相关介绍

运算符	描述	示例	关联性
... ++	后置递增（运算符在后）	i++	不相关
... −−	后置递减（运算符在后）	i−−	
+ ...	一元加法	1+3	
− ...	一元减法	8−5	
++ ...	前置递增	++i	
−− ...	前置递减	−−i	
... ** ...	幂	2**3	从右到左
...*...	乘法	3*4	从左到右
.../...	除法	3/2	
...%...	取模	7%5	

2．赋值运算符

赋值运算符会将其右边操作数的值分配给左边操作数，并将左边操作数修改为与右边操作数相等的值。赋值运算符及其相关介绍如表 1-10 所示。

表 1-10　赋值运算符及其相关介绍

运算符	描述	示例	关联性
... = ...	赋值运算符	a=3	从右到左
... += ...	求和赋值	a+=2	
... −= ...	求差赋值	a−=3	
... **= ...	取幂赋值	a**=2	
... *= ...	乘积赋值	a*=3	
... /= ...	求商赋值	a/=2	
... %= ...	求余赋值	a%=2	
... &&= ...	与赋值	a&&=9	
... ||= ...	或赋值	a||=2	
... ??= ...	逻辑空赋值	a ??= 25	

3．关系运算符

关系运算符也叫作比较运算符，用于比较两个操作数并返回表示比较结果的布尔值。关系运算符及其相关介绍如表 1-11 所示。

表1-11 关系运算符及其相关介绍

运算符	描述	示例	关联性
in	用来判断对象是否具有给定属性	67 in count	
instanceof	判断一个对象是否是另一个对象的实例	Math instanceof Object	
<	小于	5<6	
<=	小于等于	5<=6	
>	大于	5>6	从左到右
>=	大于等于	5>=6	
==	等号	5==4	
!=	非等号	5!=4	
===	全等号	5===5	
!==	非全等号	5!== '5'	
... ? ... : ...	条件运算符	5>6?"a":"b"	从右到左

4. 逻辑运算符

逻辑运算符用于布尔值运算并返回布尔值。逻辑运算符及其相关介绍如表1-12所示。

表1-12 逻辑运算符及其相关介绍

运算符	描述	示例	关联性
! ...	逻辑非	!(a > 0)	从右到左
&&	逻辑与	a > 0 && b > 0	
||	逻辑或	a > 0 || b > 0	从左到右
??	空值合并	0 ?? 42	

5. 字符串运算符

相加运算符"+"用于对两个操作数进行相加运算。如果操作数为字符串，则该运算符将两个操作数连接成一个字符串。例如，'hello ' + 'everyone'的计算结果为"hello everyone"。

6. 其他运算符

其他运算符一般不直接产生运算结果，但会影响运算结果，它的操作对象通常是"表达式"，而不是"表达式的值"。JavaScript在运算符上有一种特殊性：许多语句或语法分隔符也是运算符。例如，圆括号"()"既是语法分隔符也是运算符。其他运算符及其相关介绍如表1-13所示。

表1-13 其他运算符及其相关介绍

运算符	描述	关联性
(...)	圆括号	不相关
... .	成员访问	从左到右
... [...]	需计算的成员访问	
new ...(...)	new（带参数列表）	不相关

续表

运算符	描述	关联性
(...)	函数调用	从左到右
?.	可选链	
new ...	new 无参数列表	从右到左
typeof ...	返回未经计算的操作数的类型	不相关
void ...	返回 undefined	
delete ...	用于删除对象的某个属性	
await ...	用于等待一个 Promise 对象	
yield ...	用来暂停和恢复一个生成器函数	从右到左
yield* ...	用于委托给另一个生成器或可迭代对象	
... ...	展开运算符	不相关
,	逗号	从左到右

说明：由于位运算符不是本书的内容，不对其做介绍。

7. 运算符优先级

当程序执行时，优先级较高的运算符会在优先级较低的运算符之前执行。例如，乘号会比加号先执行。JavaScript 运算符的优先级如表 1-14 所示。

表 1-14　JavaScript 运算符的优先级

运算符	优先级	描述
(...)	21	圆括号
... .、... [...]、 new ...(...)、(...)、?.	20	成员访问、需计算的成员访问、 new（带参数列表）、函数调用、可选链
new ...	19	new 无参数列表
... ++、... --、+ ...、- ...、++ ...、-- ...、 typeof ...、void ...、delete ...、await ...	18	后置递增、后置递减、一元加法、一元减法、前置递增、前置递减 返回未经计算的操作数的类型、返回 undefined、用于删除对象的某个属性、用于等待一个 Promise 对象
! ...	17	逻辑非
... ** ...	16	幂
*、/ 、%	15	乘法、除法、取模
+	14	加法
in、instanceof、<、<=、>、>=	12	用来判断对象是否具有给定属性、判断一个对象是否是另一个对象的实例、小于、小于等于、大于、大于等于
==、!=、===、!==	11	等号、非等号、全等号、非全等号
&&	7	逻辑与
||	6	逻辑或

续表

运算符	优先级	描述
??	5	空值合并
... ? ... : ...	4	条件运算符
... = ... 、... += ...、... -= ... 、 ... **= ...、... *= ... 、... /= ...、 ... %= ... 、... &&= ...、... ||= ...、 ... ??= ...	3	赋值
yield ...、yield* ...	2	用来暂停和恢复一个生成器函数、用于委托给另一个生成器或可迭代对象
... ...	1	展开运算符
,	0	逗号

1.4.6 认识 JavaScript 表达式

在 JavaScript 中，任何能产生值的运算都是表达式。按照是否有运算符参与运算，表达式可分为非运算符表达式和运算符表达式。关键字、变量、常量、字面量均属于非运算符表达式；算术表达式、字符串表达式、关系表达式、逻辑（布尔）表达式、条件表达式、赋值表达式等均属于运算符表达式。

1. 算术表达式

算术表达式是由操作数和算术运算符或圆括号组合而成的式子。JavaScript 会按照运算符的优先级将表达式解析成值，算术运算符的优先级与数学中的一样，圆括号具有最高优先级（21 级）。如果不好确定运算顺序，可以通过添加圆括号来实现想要的运算顺序。例如，5%2 的结果是 1。

2. 字符串表达式

在 JavaScript 中，"+"运算符既可以用于数字的加法运算，也可以用于字符串的连接。JavaScript 会根据运算对象的类型来决定执行加法运算还是字符串连接，执行顺序都是从左到右。例如，"1"+"2"的结果为"12"。

3. 关系表达式

关系表达式是由操作数和关系运算符组成的式子，主要用于确定两个值的关系，并返回布尔值。例如，11<3 的比较结果为 false。

4. 逻辑表达式

在 JavaScript 中，逻辑表达式可以操作非布尔类型的值，甚至可以返回非布尔类型的值，如果操作数只使用布尔值，那么返回的结果也一定是布尔值。

在 JavaScript 中，false 代表的值可以是 undefined、null、false、0、NaN、"（空字符串），除此之外，其他值都为真。常用的真值有对象、数组、包含空格的字符串及其他字符串等。逻辑运算行为和结果常用真值表来描述。

逻辑"与运算"真值表如表 1-15 所示。

表 1-15 与（&&）运算真值表

x	y	x&&y
false	false	false
false	true	false
true	false	false
true	true	true

逻辑"或运算"真值表如表 1-16 所示。

表 1-16 或（||）运算真值表

x	y	x||y
false	false	false
false	true	true
true	false	true
true	true	true

逻辑"非运算"真值表如表 1-17 所示。

表 1-17 非（！）运算真值表

x	!x
false	true
true	false

在表 1-15 中不难发现，如果 x 是 false，不管 y 的值是什么，x&&y 的结果都是 false。同样，对于 x || y，只要 x 是 true，即可得出 x||y 的结果是 true，这种方式叫短路求值。

【训练 1-33】实现短路求值，代码如下。代码清单为 code1-33.html。

```
const skipIt = true;
let x = 0;
const result = skipIt || ++x;
console.log(result);          //true
```

5. 条件表达式

条件表达式是由 3 个操作数和一个条件运算符（？：）构成的式子，可以跟其他表达式组合使用。例如，x>0?x:-x;的目的是求绝对值。

6. 赋值表达式

在 JavaScript 中，赋值是为了修改存储单元中的值。在赋值表达式中，运算符左右都是操作数，左侧操作数必须是变量、对象、数组等能够保存值的容器。赋值表达式的返回值就是被赋值的那个值，可以链式赋值。

（1）普通赋值运算。

赋值运算符的优先级低于关系运算符，有时需要使用分组运算符来完成相关运算。

【**训练 1-34**】使用分组运算符来完成运算，代码如下。代码清单为 code1-34.html。

```
console.log(1 + (2 * 3)); //1 + 6
console.log((1 + 2) * 3); //3 * 3
```

（2）对象解构赋值。

解构赋值可以将一个对象或者数组"分解"成多个单独的值。

【**训练 1-35**】进行对象解构赋值，代码如下。代码清单为 code1-35.html。

```
//普通对象
const obj = {b: 2, c: 3, d: 4};
//对象解构赋值
const {a, b, c} = obj;
console.log(a);          //undefined:obj 中不存在属性
console.log(b);          //2
console.log(c);          //3
console.log(d);          //Uncaught ReferenceError: d is not defined
```

在解构一个对象时，变量名必须与对象中的属性名一致。对象解构也可以在赋值语句中完成，但是这个语句必须用圆括号括起来，如({b,c,d} = obj)。

（3）数组解构赋值。

在解构数组时，可以给数组的元素（按顺序）任意指定变量名。

【**训练 1-36**】进行数组解构赋值，代码如下。代码清单为 code1-36.html。

```
//普通数组
const arr = [1, 2, 3];
//数组解构赋值
let [x, y] = arr;
console.log(x);          //1
console.log(y);          //2
```

说明：在解构数组时，可以把剩下的元素放入一个新的数组中，可以利用展开运算符"…"完成这个任务。

【**训练 1-37**】使用展开运算符完成数组解构，代码如下。代码清单为 code1-37.html。

```
const arr=[1,2,3,4,5,];
let [x,y,...rest]=arr;
console.log(x);          //1
console.log(y);          //2
console.log(rest);       //[3,4,5]
```

【**训练 1-38**】利用数组解构交换两个变量的值，代码如下。代码清单为 code1-38.html。

```
let a = 5,
    b = 10;
[a, b] = [b, a];
console.log(a, b);
```

说明：数组解构不仅适用于数组，还适用于任何可迭代的对象。

7. 表达式计算

JavaScript 通过全局函数 eval()来解释和运行由 JavaScript 源代码组成的字符串，并返回一个值。例如，eval("3+2")的返回值是 5。

8．数据类型转换

在表达式中，参与运算的操作数通常是相同的数据类型，如果操作数的数据类型不同，则需要进行数据类型转换。JavaScript 提供了内部自动数据类型转换和强制数据类型转换两种方式。

（1）内部自动数据类型转换。

JavaScript 会根据需要自行转换数据类型，原始值间可以相互转换，原始值与引用对象之间也可以相互转换。总之，JavaScript 中不同类型的值都可以相互转换。内部自动数据类型转换的相关介绍如表 1-18 所示。

表 1-18　内部自动数据类型转换的相关介绍

值	字符串	数字	布尔值	对象
undefined	"undefined"	NaN	false	throws TypeError
null	"null"	0	false	throws TypeError
true	"true"	1		new Boolean(true)
false	"false"	0		new Boolean(true)
""		0	false	new String("")
"1.2"		1.2	true	new String("1.2")
"one"		NaN	true	new String("one")
0	"0"		false	new Number(0)
−0	"−0"		false	new Number(−0)
NaN	"NaN"		false	new Number(NaN)
Infinity	"Infinity"		true	new Number(Infinity)
−Infinity	"−Infinity"		true	new Number(−Infinity)
1	"1"		true	new Number(1)
{}			true	
[]		0	true	
[9]	""	9	true	
['a']	"9"	NaN	true	
Function(){}	'a'	NaN	true	

（2）强制数据类型转换。

尽管 JavaScript 可以自动进行许多类型转换，但有时仍需要进行强制数据类型转换。

常用于转换数据类型的构造函数有 String()、Number()、Boolean()和 Object()。例如，Number("3")、String(false)、Boolean([])和 Object(3)，其转换结果分别为 3、false、true、相当于 new Number(3)的结果。

常用于转换数据类型的全局函数有 parseInt()和 parseFloat()，它们分别可以将字符串转换成整数和浮点数。例如，parseInt("−12.35")、parseFloat("3.14")的转换结果分别为−12 和 3.14。

对象到布尔值的转换是将所有对象都转换为 true。对象到字符串和对象到数字的转换是通过调用待转换对象的方法 toString()和 valueOf()来完成的。如果无法通过 toString()或

valueOf()获得一个原始值，那么将抛出类型错误异常。对于日期对象，则是通过调用日期对象的方法 toString()和 valueOf()来完成的。

1.4.7　认识 JavaScript 语句

语句是计算机程序中的基本功能单元，是为完成任务而进行的某种处理动作。JavaScript 语句是由关键字和规定的语法格式构成的、由浏览器执行的命令序列。JavaScript 语句按照功能可以分为表达式语句、声明语句、分支语句、循环语句、控制语句和其他语句，如图 1-9 所示。

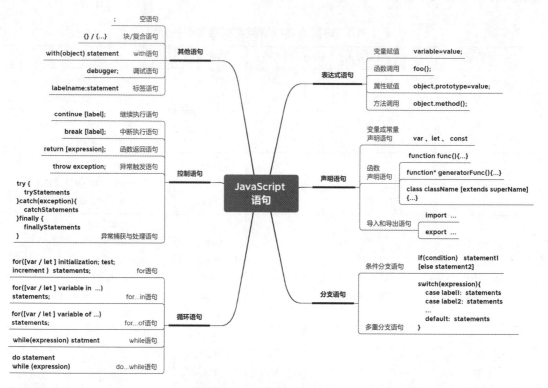

图 1-9　JavaScript 语句分类

在 JavaScript 中，语句的使用格式如下。

```
<语句>;    //分号";"是语句结束的标志
```

程序的语句是由 ";" 分隔的句子或命令。在表达式后面加上一个 ";"，它就成为表达式语句。声明语句只是声明数据或函数的名字，不包括初始化部分。下面介绍经常使用的 JavaScript 语句。

1. if 语句

if 语句是简单的单条件分支结构语句，当指定条件表达式的值为 true 时执行语句块，否则不执行。其语法格式如下。

```
if(条件表达式) {
    语句块;
}
```

if 语句的执行流程图如图 1-10 所示。

2. if...else 语句

if...else 语句是双条件分支结构语句，当指定条件表达式的值为 true 时执行一个语句块，当指定条件表达式的值为 false 时执行另一个语句块。其语法格式如下。

```
if(条件表达式) {
    语句块 1;
}else{
    语句块 2;
}
```

if...else 语句的执行流程图如图 1-11 所示。

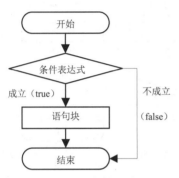

图 1-10 if 语句的执行流程图

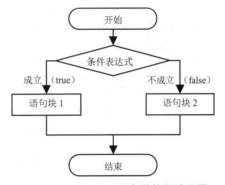

图 1-11 if...else 语句的执行流程图

if...else 语句可以嵌套使用，如果语句块是单条语句，那么就不需要使用花括号将它括起来。

【训练 1-39】在不同的时段，在网页中显示不同的问候语，代码如下。代码清单为 code1-39.html。

```
var hrs = new Date().getHours();
if (hrs > 8 && hrs <= 12) {
    document.write("上午好!");
} else {
    document.write("下午好!");
}
```

3. switch 语句

switch 语句是多条件分支结构语句，根据一个特定表达式的值执行一系列特定的语句。switch 语句根据表达式的值，依次与 case 子句中的值进行比较。如果表达式的值与 case 子句的值相等，则执行该 case 子句的相关语句，当遇到 break 子句时，则跳出整个 switch 语句。如果表达式的值与 case 子句的值不相等，则继续与下一个 case 的值进行比较。如果没有匹配到相等的值，则执行可选的 default 子句的相关语句。若没有 default 子句，程序将继续执行直到 switch 结束。switch 语句的语法格式如下。

```
switch(表达式){
    case label1:
        语句块 1;
        break;
```

```
    case label2:
        语句块 2;
        break;
    ...
    default:
        语句块 n;
}
```

switch 语句的执行流程图如图 1-12 所示。

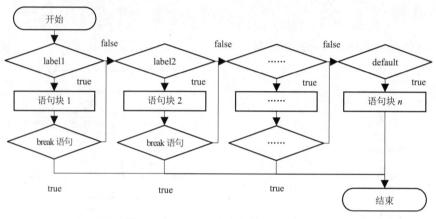

图 1-12   switch 语句的执行流程图

【训练 1-40】在不同时段显示不同的问候语，代码如下。代码清单为 code1-40.html。

将一天以小时为单位，划分为多个时段，在网页中显示当前时间对应的问候语，如"早上好""上午好""中午好""下午好""晚上好"。

```
//利用内置时间对象 Date() 获取小时数
let hrs = new Date().getHours();
let msg = "";        //用于保存问候语
switch (true) {
    case hrs > 0 && hrs <= 6:
        msg = "早上好";
        break;
    case hrs > 6 && hrs <= 11:
        msg = "上午好";
        break;
    case hrs > 11 && hrs <= 13:
        msg = "中午好";
        break;
    case hrs > 13 && hrs <= 18:
        msg = "下午好";
        break;
    default:
        msg = "晚上好";
}
//将问候语输出到网页中
document.write("XX 用户，"+msg);
```

4．for 语句

for 语句是循环结构语句，按指定的次数重复执行循环体。当 for 语句内的条件表达式的值为 true 时，for 语句将执行，并一直执行到条件表达式的值为 false 为止。除条件表达式之外，在 for 语句内可以初始化计数变量，并在每次循环中改变它的值。for 语句的语法格式如下。

```
for(变量初始表达式;条件表达式;变量更新表达式) {
    语句块;
}
```

可以省略 for 语句圆括号中的任何部分，但是必须使用分号将每个部分隔开。

for 语句的执行流程图如图 1-13 所示。

【训练 1-41】利用 for 语句计算 1 至 100 的累加和，代码如下。代码清单为 code1-41.html。

```
let sum = 0,
    count = 100;
for (let i = 0; i <= count; i++) {
    sum += i;
}
console.log(sum);                    //5050
```

5．while 语句

while 语句是常用的循环结构语句，当指定循环条件表达式的值为 true 时，重复执行循环体，否则不会执行循环体。while 语句不仅适用于循环次数固定的场景，也适用于循环次数不固定的场景。while 语句的语法格式如下。

```
while(条件表达式) {
    语句块;
}
```

while 语句的执行流程图如图 1-14 所示。

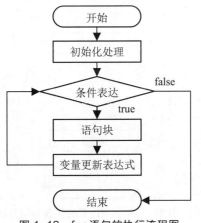

图 1-13　for 语句的执行流程图

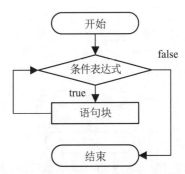

图 1-14　while 语句的执行流程图

【训练 1-42】利用 while 语句输出小于 6765 的斐波那契数，代码如下。代码清单为 code1-42.html。

斐波那契数列指的是这样的数列：1、1、2、3、5、8、13、21、……在数学上，斐波那契数列定义为：$F_0=0$，$F_1=1$，$F_n=F_{n-1}+F_{n-2}$（$n \geqslant 2$，$n \in N^*$）。用文字描述就是斐波那契数列由

0 和 1 开始，之后的斐波那契数等于之前两个数的和。

```
document.write("小于 6765 的斐波那契数：" + "<br>");
let n1 = 1,
    n2 = 1,
    sum = 0,
    i = 2;
while (sum < 6765) {
    sum = n1 + n2;
    n1 = n2;
    n2 = sum;
    document.write(`第${i}项:${sum}<br>`);
    i++;
}
```

6. do...while 语句

do...while 语句是与 while 语句类似的循环结构语句，首先执行循环体，直到循环条件表达式的值为 false 时结束循环。do...while 语句的语法格式如下。

```
do{
    语句块;
}while(条件表达式)
```

do...while 语句的执行流程图如图 1-15 所示。

7. for...in 语句

for...in 语句主要用来遍历可迭代对象。所谓遍历，是指不断访问对象元素的过程。for...in 语句用于枚举对象中的非符号键属性，构造函数属性不会显示。for...in 语句的语法格式如下。

```
for(变量 in 对象) {
    语句块;
}
```

for...in 语句的执行流程图如图 1-16 所示。

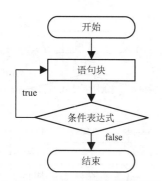

图 1-15　do...while 语句的执行流程图

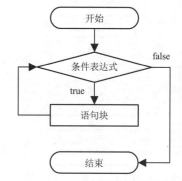

图 1-16　for...in/of 语句的执行流程图

【训练 1-43】遍历数组，代码如下。代码清单为 code1-43.html。

```
let fruit = ["Apple","Tomato","Strawberry"];
for (let x in fruit) {
    console.log(fruit[x]);
}
//Apple Tomato Strawberry
```

for...in 循环语句会按序读取元素，直到没有元素为止。in 不仅可以检查对象的自身属性，而且还会检查来自原型链的属性。hasOwnProperty()方法可以检查来自非原型链的属性。

【训练 1-44】使用 hasOwnProperty()方法遍历数组，代码如下。代码清单为 code1-44.html。

```
//为避免来自原型链的属性，使用 hasOwnProperty()方法遍历数组
let fruit = ["Apple","Tomato","Strawberry"];
for (let x in fruit) {
    if (fruit.hasOwnProperty(x)) {
        console.log(fruit[x]);
    }
}
```

8. for … of 语句

for...of 语句是严格的迭代语句，用于遍历迭代对象的元素。其语法格式如下。

```
for (变量 of 对象) {
    语句块;
}
```

for...of 语句的执行流程图如图 1-16 所示。

for...of 语句的应用范围很广泛，数组（Array）、映射（Map）、集合（Set）、字符串（String）、参数（Argument）等对象都可以使用。不过，它不能用来遍历一般对象（Object），循环变量可以使用 const、let 或 var 来定义。

【训练 1-45】使用 for...of 语句遍历数组，代码如下。代码清单为 code1-45.html。

```
let fruit = ["Apple", "Tomato", "Strawberry"];
for (const x of fruit) {
    console.log(x);
}
```

注意：for...of 语句虽然不能用来遍历一般对象，但是可以使用内置的对象方法（如 Object.key()、Object.values()、Object.entries()）将其转换为可迭代的对象后进行遍历。

9. label 语句

label 语句只是一个标识，相当于给程序加标签。标签可以被跳转语句引用，可以指引跳转语句（break 或 continue 等语句）跳转到相应的位置。label 语句的语法格式如下。

```
标签名:
    语句;
```

标签名可以是任何 JavaScript 标识符，语句可以是任何合法的 JavaScript 语句。

10. break 语句

break 语句是 JavaScript 中常用的跳转语句，可以跳出分支结构语句，也可以跳出循环结构语句，并结束循环语句的执行。

break 语句只能跳转到当前循环语句或外层循环语句前标签的位置，而不能跳转到其他标签的位置，循环嵌套次数不限。break 语句的语法格式如下。

```
break [label];        //label 是与语句标签相关联的标识符
```

11. continue 语句

continue 语句也是 JavaScript 中常用的跳转语句，用于中断循环过程中的当前循环，然后

开始执行循环过程中的一次新的循环。continue 语句的语法格式如下。

```
continue [label];   //[label]是可选的，用于指定断点处语句的标签
```

【训练 1-46】利用 for 语句实现当 i===3 时执行下一次循环，当 i===8 时结束循环，代码如下。代码清单为 code1-46.html。

```
for (let i = 0; i <= 10; i++) {
    if (i === 3) {
        console.log(i);
        continue;
    }
    if (i === 8) {
        console.log(i);
        break;
    }
    console.log("for loop i=" + i);
}
```

12．throw 语句

throw 语句是 JavaScript 中的异常处理语句。在执行 JavaScript 代码的过程中如果出现异常，会通过 throw 语句创建一个异常类对象，该异常类对象将被提交给浏览器，这个过程称为"抛出异常"。当浏览器接收到异常对象时，会寻找能处理这一异常的代码并把当前异常对象提交给其处理，这一过程被称为"捕获异常"。

使用 JavaScript 中的 throw 语句可以模仿 JavaScript 抛出异常，其语法格式如下。

```
throw 异常对象或表达式；
```

throw 语句抛出的异常对象可以是 JavaScript 内置对象，也可以是用户自定义的异常对象。除此之外，还可以抛出任何类型的表达式。

13．try...catch 语句

try...catch 语句是 JavaScript 中的异常处理语句，用来在 JavaScript 中捕获抛出的任何异常数据，包括字符串、数字和对象。try...catch 语句的语法格式如下。

```
try{
    用于测试是否有错误的语句块；
}
catch(ex) {   //ex 是一个局部变量，用于保存关联 catch 子句的异常对象
    用于处理错误的语句块；
}
```

try...catch 语句可以捕获 throw 语句抛出的异常，也可以捕获 JavaScript 抛出的异常。

【训练 1-47】捕获计算矩形面积过程中产生的异常，代码如下。代码清单为 code1-47.html。

在 try 语句块中可以编写在执行时进行错误测试的代码，因此可以将计算矩形面积的函数写到 try 语句块中；在 catch 语句块中可以编写当 try 语句块发生错误时执行的代码，因此可以将捕获的异常通过 catch 语句块输出。

```
var getRectArea = function(width, height) {
    if (isNaN(width) || isNaN(height)) {
        throw 'Parameter is not a number!';
    }
    return width * height;
```

```
}
try {
    console.log(getRectArea(3, "A"));
} catch (e) {
    console.error(e);
    //expected output: "Parameter is not a number!"
}
```

14．try...catch...finally 语句

try...catch...finally 语句用来处理可能发生在给定语句块中的某些或全部错误，同时仍保持代码的运行。如果发生了没有处理的错误，JavaScript 只给用户提供它的普通错误信息。

try...catch...finally 语句是 JavaScript 提供的异常处理机制，其语法格式如下。

```
try{
    //这段代码从上往下运行，其中任何一个语句抛出异常该语句块就结束运行
}
catch(e) {
    //如果 try 语句块中抛出了异常，catch 语句块中的代码就会运行
    //e 是一个局部变量，用来指向 Error 对象或者其他抛出的对象
}
finally{
    //无论 try 语句块中是否有异常抛出（甚至 try 语句块中有 return 语句），finally 语句块
始终会运行
}
```

15．空语句

空语句由单一的"；"构成。空语句可以看作一个特殊的表达式语句，不做任何处理或操作。空语句主要出现在循环语句的循环体中或作为 if 语句的成分子句。

16．声明语句

JavaScript 中的声明语句包括 var、let、const、function 语句，这几个语句分别用于声明变量、变量、常量、函数。

17．return 语句

return 语句用于函数体中，可以使函数返回一个值。当程序执行到 return 语句时，会立即结束函数的执行，并返回 return 语句中的值。如果 return 语句后还有其他代码，这些代码不会被执行。return 语句的语法格式如下。

```
return [[expression]];    //expression 表达式的值会被返回。如果没有表达式，则返回
undefined
```

18．export 语句

在 JavaScript 原生模块实现中，每个模块都存储在自己的 JavaScript 文件中，一个文件对应一个模块。在模块中声明的所有变量、函数或对象，在模块外部都无法访问，除非专门将它们导出模块，并且导入其他脚本中。

在创建 JavaScript 模块时，export 语句用于从模块中导出实时绑定的函数、对象或原始值，以便其他程序可以通过 import 语句使用它们。被导出的绑定值可以在本地进行修改。这些绑定值只能在导入模块后读取，在导出模块中对这些绑定值进行的修改会实时地更新。

export 语句不能用在嵌入式脚本中。

有两种导出方式，分别为命名导出和默认导出。开发者能够在每一个模块中定义多个命名导出，但是只能定义一个默认导出。

命名导出的语法格式如下。

```
//导出单个特性
export let name1, name2, ..., nameN;              //还可以使用 var、const
export let name1 = ..., name2 = ..., ..., nameN;    //还可以使用 var、const
export function FunctionName(){...}
export class ClassName {...}
//导出列表
export { name1, name2, ..., nameN };
//重命名导出
export { variable1 as name1, variable2 as name2, ..., variableN as nameN };
//解构导出并重命名
export const { name1, name2: bar } = o;
```

在导出多个值时，命名导出非常有用。在导入期间，必须使用相应对象的相同名称。

默认导出的语法格式如下。

```
//默认导出
export default expression;
export default function (...) { ... }              //还可以使用 class、function*
export default function name1(...) { ... }         //还可以使用 class、function*
export { name1 as default, ... };
```

19．import 语句

静态的 import 语句用于导入由另一个模块导出的绑定值。无论是否声明了 strict mode，导入的模块都在严格模式下运行。在浏览器中，import 语句只能在声明了 type="module"的 script 标签中使用。import 语句的语法格式如下。

```
//导入模块的默认导出接口的引用名为 defaultExport
import defaultExport from "module-name";
//导入整个模块的内容
import * as name from "module-name";
//导入单个接口 export
import { export } from "module-name";
//导入带有别名的接口 alias
import { export as alias } from "module-name";
import { export1 , export2 } from "module-name";
import { foo , bar } from "module-name/path/to/specific/un-exported/file";
import { export1 , export2 as alias2 , [...] } from "module-name";
//导入默认值
import defaultExport, { export [ , [...] ] } from "module-name";
import defaultExport, * as name from "module-name";
import "module-name";
```

在引用模块时，.js 文件不能来自本地，因此要启动 http 服务器，才能引用模块。如果希望根据条件导入模块或者按需导入模块，可以使用动态导入 import()代替静态导入。它不依赖 type="module"的 script 标签。

通过模块组织代码，创建逻辑彼此独立的代码段，在这些代码段之间声明依赖，并将它们连接在一起，从而提高了代码的复用性和可维护性。

【训练 1-48】设计温度转换模块。

① 创建 HTML 文件，代码如下。代码清单为 code1-48.html。

```html
<!DOCTYPE html>
<html>
<head>
    <meta charset = "utf-8">
    <title></title>
</head>
<body>
    <script type = "module">
        import * as temps from "./js/tempConvert.js";
        alert("将 20 摄氏度转为华氏度为: " + temps.convertCtoF(20));
    </script>
</body>
</html>
```

注意：tempConvert.js 前必须有一个有效的本地路径前缀，即 "./js"。

② 编写 JavaScript 模块文件，代码如下。代码清单为./js/tempConvert.js。

```javascript
function convertCtoF(c){
    return (c * 1.8)+32;
}
function convertFtoC(f){
    return (f - 32) / 1.8;
}
export {convertCtoF,convertFtoC};
```

③ 测试运行效果。

首先，启动 http 服务器。按 Win+R 组合键，弹出"运行"对话框，在文本框中输入"cmd"，单击"确定"按钮。打开命令行窗口，进入 D:\jswww 项目文件夹，使用命令行命令"http-server"启动 http 服务器，如图 1-17 所示。

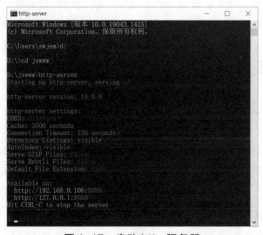

图 1-17　启动 http 服务器

提示：详细操作可参见单元 1 的 1.3.5 小节。

然后，将 HTML 文件和 JavaScript 模块文件上传到 http 服务器的根目录。打开浏览器，在地址栏中输入"127.0.0.1:8080/code1-48.html"并访问该地址，即可看到温度转换结果，如图 1-18 所示。

图 1-18　温度转换模块运行结果

1.5　任务拓展——配置 ECMAScript 6 兼容环境

1.5.1　了解 JavaScript 的常用扩展库、常用框架和衍生语言

1. 常用扩展库

常用的扩展库有 jQuery、MooTools、Prototype、Dojo、YUI、ExtJS、ZeptoJS 等。

2. 常用框架

常用的框架有 AngularJS、VueJS、ReactJS、EmberJS、NuxtJS、ThreeJS 等。

3. 衍生语言

衍生语言有 TypeScript、JSX、CoffeeScript 等。

1.5.2　了解 ECMAScript 6 的新特性

2015 年 6 月，ECMAScript 6 正式通过，成为国际标准。ECMAScript 6 提出了很多新特性，重点加强了模块、类声明、词法块定界、迭代器和生成器、异步编程的回调、模式解析及合适的尾调用，另外还扩展了 ECMAScript 的内置库，支持更多的抽象数据结构。其目的是使 JavaScript 可以用于编写复杂的应用程序，成为企业级开发语言。

1.5.3　配置 ECMAScript 6 的兼容环境

目前各大浏览器基本都支持 ECMAScript 6 的新特性，其中 Chrome 和 Firefox 浏览器对 ECMAScript 6 的新特性非常友好。Node.js 是运行在服务端的 JavaScript，对 ECMAScript 6 的支持度很高。

Babel 是一个工具链，主要用于将采用 ECMAScript 6 编写的代码转换为向后兼容的 JavaScript 代码，以便能够运行在当前和旧版本的浏览器或其他环境中。使用 Babel 可以将

ECMAScript 6 代码编译成 ECMAScript 5 代码，实现向后兼容的效果。

配置和运行 ECMAScript 6 兼容环境的过程如下。

1. 创建项目文件夹

在磁盘上（如 D 盘）新建一个项目文件夹 workspace，在此文件夹下创建两个空文件夹 src 和 dist，其中 src 是用于存放 ECMAScript 6 代码的文件夹，dist 是用于存放利用 Babel 编译而成的 ECMAScript 5 代码的文件夹。

2. 创建 package.json 配置文件

利用 Win+R 组合键打开"运行"对话框，在文本框中输入"cmd"，单击"确定"按钮，打开命令行窗口，进入项目文件夹 workspace，并在终端上运行 Node.js 提供的包管理工具 npm 命令，完成创建 package.json 配置文件的操作。

```
>d:
>cd workspace
>npm init -y
```

在当前文件夹下创建名为 package.json 的文件。利用文本编辑器在 package.json 文件中编写如下代码。

```
{
  "name": "workspace",
  "version": "1.0.0",
  "description": "",
  "main": "index.js",
  "scripts": {
    "test": "echo \"Error: no test specified\" && exit 1",
    "build": "babel src/index.js --out-file dist/index.js"
  },
  "keywords": [],
  "author": "",
  "license": "ISC"              //ISC 许可证
}
```

3. 安装依赖包

在命令行窗口中，输入以下命令。

```
>npm install -save-dev @babel/core @babel/cli
```

全局安装的命令如下。

```
>npm install -global @babel/core @babel/cli
```

4. 安装语法转换器插件

在命令行窗口中，输入以下命令。

```
>npm install --save-dev @babel/preset-env
```

全局安装的命令如下。

```
>npm install -global @babel/preset-env
```

5. 配置 Babel 的使用环境

创建 .babelrc 文件，并利用文本编辑器在其中写入以下代码。

```
{
    "presets": ["@babel/preset-env"]
}
```

或在 package.json 中为 scripts 添加一个属性，代码如下。

```
"build": "babel src/index.js --out-file dist/index.js"
```

说明："babel"后面是 ECMAScript 6 写入的文件，"out-file"后面是编译得到的 ECMAScript 5 文件。

6. 运行命令，编译 JavaScript 脚本文件

在命令行窗口中，输入以下命令。

```
>npx babel src -d dist
```

或输入以下命令。

```
>npm run build        //需要配置 package.json 文件中的 scripts 属性 build
```

说明：npx 的主要功能是使用户可以在命令行窗口中操作 npm 依赖；npx 的执行机制是首先自动检查当前项目中的可执行依赖文件（即 "./node_modules/.bin" 下面的可用依赖），如果不存在就去环境变量 path 中寻找，如果还没有就自动安装相应的依赖文件，其安装的依赖文件位于 node 安装目录的 node_cache/_npx 之中，安装的依赖文件是临时的。

编译后可以在网页中或者服务器 Node.js 环境下使用编译后的.js 文件。

【训练 1-49】引用编译后的.js 文件。

① 在 D:\workspace\src 文件夹中，创建 index.js 文件，代码如下。代码清单为 index.js。

```
var arr = [1, 3, 5, 7, 9];
const forEach = (array, fn) => {
    for (let i = 0; i < array.length; i++) {
            fn(array[i])
    }
}
forEach(arr, (data) => console.log(data));
```

② 在命令行窗口中，输入以下命令。

```
D:\workspace> npx babel src -d dist
```

打开 dist\index.js 文件，可以看到编译后的代码，如下所示。

```
"use strict";
var arr = [1, 3, 5, 7, 9];
var forEach = function forEach(array, fn) {
    for (var i = 0; i < array.length; i++) {
            fn(array[i]);
    }
};
forEach(arr, function(data) {
    return console.log(data);
};
```

③ 在 D:\workspace 项目文件夹中创建 index.html 文件时，可以引用 dist\index.js 文件，代码如下。代码清单为 index.html。

```
<!DOCTYPE html>
<html>
<head>
    <meta charset = "utf-8">
    <title>引用 Babel 编译后的.js 文件</title>
</head>
```

```
<body>
    <script src = "./dist/index.js"></script>
</body>
</html>
```

1.6 课后训练

（1）利用网络查询 JavaScript 学习网站。

（2）利用网络查找常用的 JavaScript 库文件并在网页中进行引入尝试。

（3）利用网络查找常用的 JavaScript 框架。

（4）利用网络学习 Babel 常用命令的使用方法。

【归纳总结】

本单元主要介绍了 JavaScript 及其组成、在 HTML 中引入 JavaScript 脚本的方法、浏览器渲染 Web 页面的过程及开发者工具的使用方法等相关知识和技术，重点阐述了 JavaScript 的词法符号、数据类型、变量、常量、运算符、表达式和语句等的核心特性。通过对本单元的学习，学生可以增强开发 Web 的自信心。本单元内容的归纳总结如图 1-19 所示。

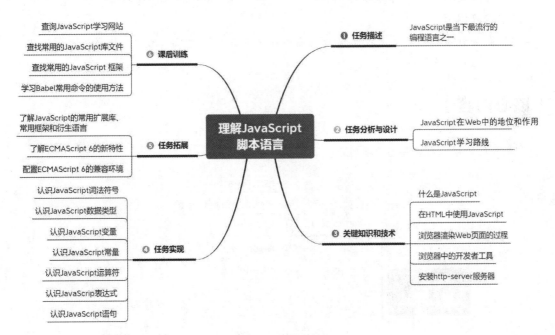

图 1-19　归纳总结

单元2
设计网页换肤效果

02

【单元目标】

1. 知识目标
- 理解网页换肤原理；
- 掌握 DOM 的操作方法和本地存储技术。

2. 技能目标
- 通过编写 HTML 文件、CSS 文件和 JavaScript 脚本文件，能够完成网页换肤效果设计；
- 遵循 Web 开发规范的编程习惯，提升分析问题与解决问题的能力。

3. 素养目标
- 弘扬劳动精神，坚定理想信念，不懈奋斗，努力做到在平凡的工作岗位上创造出不平凡的成就。

【核心内容】

本单元的核心内容如图 2-1 所示。

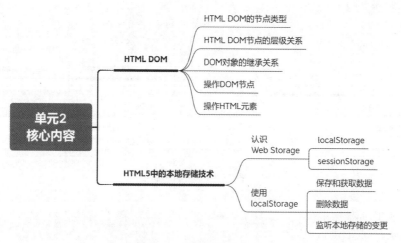

图 2-1　单元 2 核心内容

2.1　任务描述

随着网络的普及和发展，越来越多的人通过网络浏览信息。网站的外观可以给用户直接的视觉体验，从而达到吸引用户眼球的目的。可以根据自己的喜好来设置网站的外观，也可以基于具体需求对网站的外观进行改变，也就是常说的"更换皮肤"，如喜庆节日时选用红色、发生惨痛事件时选用灰色。为了满足用户对 Web 页面样式的需求，可以通过多个外部样式表文件来更改页面效果。

本单元的主要任务是在选择某种预设皮肤样式之后，实现网页换肤效果。

2.2　任务分析与设计

网页换肤的原理是在选择某种预设皮肤样式之后，由 JavaScript 脚本实现所选预设皮肤样式的加载，然后使用 HTML5 中的 localStorage 进行本地存储。这样当再次访问同一页面时，将自动调用 localStorage 存储的预设皮肤样式，避免进行重复设置皮肤样式的操作。

2.3　关键知识和技术——DOM 和本地存储

网页换肤功能是通过 HTML DOM 和 HTML5 中的本地存储技术来实现的。W3C 文档对象模型是中立于平台和语言的接口，允许程序和脚本动态地访问或更新文档的内容、结构和样式。W3C DOM 标准是按照模块化的思路来制定的，不同模块之间有一定的关联。DOM 模块如图 2-2 所示。

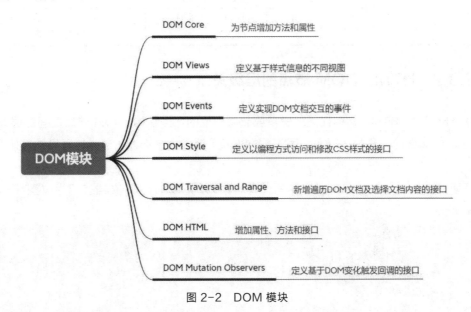

图 2-2　DOM 模块

DOM 的本质是连接网页与脚本语言或程序语言的桥梁。本单元主要介绍 DOM Core 和 DOM HTML 两个模块。

DOM 模型用逻辑树来表示文档，树的每个分支的终点都是一个节点（Node），每个节点都包含对象（Object）。DOM 的方法（Method）让用户可以以特定方式操作逻辑树，以改变文档的结构、样式或者内容。DOM 节点还可以关联事件处理器，一旦某一事件被触发，相应的事件处理器就会执行。

2.3.1 HTML DOM 的节点类型

HTML DOM 是 HTML 的标准对象的模型和编程接口。在 HTML DOM 中，HTML 文档中的所有内容都是节点，文档是由节点构成的集合，整个文档就是一个文档节点；HTML 元素是元素节点，元素节点构成了网页的框架结构；HTML 元素内的文本是文本节点，文本节点构成了网页的内容；HTML 元素属性是属性节点，它总是被放在元素节点的起始标签里，用来对元素做出具体的描述；文档中的注释是注释节点。按照不同功能，节点可分为 12 种类型，通过数值常量和字符常量两种方式表示。常见的节点类型及相关信息如表 2-1 所示。

表 2-1 常见的节点类型及相关信息

节点类型	接口	字符表示	值	备注
元素节点	Element	ELEMENT_NODE	1	HTML 元素
属性节点	Attr	ATTRIBUTE_NODE	2	HTML 属性，总是包含在元素节点内
文本节点	Text	TEXT_NODE	3	HTML 元素中的文本
注释节点	Comment	COMMENT_NODE	8	注释文本
文档节点	Document	DOCUMENT_NODE	9	整个文档
文档片段	DocumentFragment	DOCUMENT_FRAGMENT_NODE	11	用于存放暂时没有加入 DOM 树的元素

2.3.2 HTML DOM 节点的层级关系

DOM 可以将 HTML 文档描述成由多层节点构成的树型结构。DOM 节点之间的层级关系可以用父（Parent）、子（Child）和同胞（Sibling）等术语来描述。节点的层级关系如图 2-3 所示。

下面是 HTML 文档 dom.html 中的代码，DOM 将该 HTML 文档表示为树型结构，如图 2-4 所示。

```
<!DOCTYPE html>
<html>
 <head>
     <meta charset = "utf-8">
     <title>DOM 树</title>
 </head>
```

```
<body>
    <p id = "hi">Hello World!</p>
</body>
</html>
```

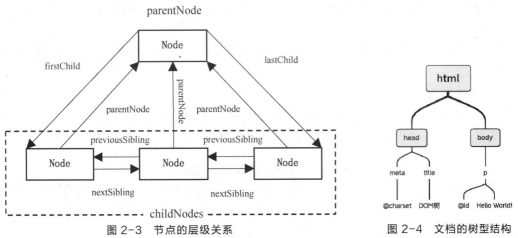

图 2-3　节点的层级关系　　　　图 2-4　文档的树型结构

2.3.3　DOM 对象的继承关系

在 JavaScript 中，所有 HTML 元素都被定义为对象，应用编程接口（Application Programming Interface，API）则提供对象的方法和属性。

DOM 提供了 Node 接口，Node 接口是作为 Node 类型（nodeType）来实现的。各种类型的 DOM API 对象均继承自 Node 接口，Node 接口继承自其父接口 EventTarget，EventTarget 接口又继承自 Object 接口。部分 DOM 对象的继承关系如图 2-5 所示。

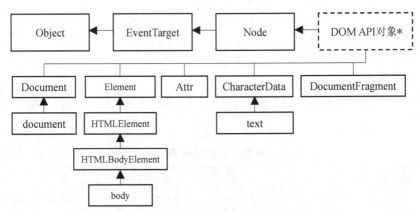

图 2-5　部分 DOM 对象的继承关系

注：* DOM API 对象表示一组对象，用虚线框表示。

Document、Element 等对象均继承自 Node 对象，是不同类型的节点对象。它们不仅能够使用 Node 对象的一系列属性和方法进行节点操作，而且可以使用其特有的属性和方法进行不同类型节点的操作。

51

在 DOM API 对象的语法描述中，通常会使用 element(s)来指代节点，使用 nodeList(s)或 element(s)来指代节点数组（NodeList），使用 attribute(s)来指代属性节点。

2.3.4　操作 DOM 节点

DOM 节点的操作主要包括获取节点、追加和新增节点、删除和替换节点、复制和合并节点等。

1. 获取节点

由于 HTML 文档可以看作节点树，因此可以利用节点操作 HTML 文档中的元素，得到的返回值是节点集合。常用来获取节点的属性如表 2-2 所示。

表 2-2　常用来获取节点的属性

属性	描述
Node.baseURI	返回一个节点的绝对基址 URL 的字符串
Node.childNodes	返回包含指定节点的子节点的集合，该集合为自动更新的集合
Node.firstChild	返回指定节点的第一个子节点，若没有子节点，则返回 null
Node.lastChild	返回指定节点的最后一个子节点，若没有子节点，则返回 null
Node.nextSibling	返回当前节点的下一个兄弟节点，若没有则返回 null
Node.nodeName	返回一个包含指定节点名字的字符串
Node.nodeType	返回一个与指定节点类型对应的无符号短整型的值（1～12）
Node.nodeValue	返回或设置当前节点的值
Node.parentNode	返回当前节点的父节点
Node.parentElement	返回当前节点的父元素节点
Node.previousSibling	返回当前节点的前一个兄弟节点，若没有则返回 null
Node.textContent	返回或设置一个元素内所有子节点及其后代的文本内容

2. 追加和新增节点

在获取节点之后，可以利用 DOM 提供的方法实现节点的添加。常用的追加和新增节点的方法如表 2-3 所示。

表 2-3　常用的追加和新增节点的方法

方法	描述
Node.appendChild(childNode)	将指定的 childNode 参数作为最后一个子节点添加到当前节点
Node.insertBefore(newNode, referenceNode)	在当前节点下增加一个子节点，并使该子节点位于参考节点的前面

3. 删除和替换节点

在获取节点之后，可以利用 DOM 提供的方法删除和替换节点。常用的删除和替换节点的方法如表 2-4 所示。

表 2-4 删除和替换节点的方法

方法	描述
Node.removeChild()	删除当前节点中的一个子节点
Node.replaceChild()	将选定的节点的一个子节点替换为另外一个节点

4. 复制和合并节点

在获取节点之后，还可以利用 DOM 提供的方法复制和合并节点。复制和合并节点的方法如表 2-5 所示。

表 2-5 复制和合并节点的方法

方法	描述
Node.cloneNode()	复制一个节点，并且可以选择是否（true/false）复制这个节点下的所有内容
Node.normalize()	对指定元素下的所有文本子节点进行整理，合并相邻的文本节点并清除空文本节点

5. 节点引用和包含关系的判断

在遍历节点的过程中，经常需要判断两个节点的引用及包含关系。判断方法如表 2-6 所示。

表 2-6 节点引用和包含关系的判断方法

方法	描述
Node.isSameNode(other)	返回两个节点的引用比较结果，结果为布尔值
Node.hasChildNodes()	返回表示指定元素是否包含子节点的布尔值

【训练 2-1】输出 DOM 树的节点名称（遍历 DOM 树），代码如下。代码清单为 code2-1.html。

```html
<!DOCTYPE html>
<html>
<head>
    <meta charset = "utf-8">
    <title>遍历 DOM 树</title>
</head>
<body>
    <div id = "box" class = "root">
        <ul class = "list" >
            <li>1. Lorem ipsum dolor.</li>
            <li>2. Lorem ipsum dolor.</li>
            <li>3. Lorem ipsum dolor.</li>
        </ul>
    </div>
    <script>
        var nodes = [];
        function traverse(root) {        //遍历 root
            let prop = "";
            for (let i = 0, len = root.childNodes.length; i < len; i++) {
                var node = root.childNodes[i];
                //过滤 text 节点、script 节点
                if ((node.nodeType != 3) && (node.nodeName != 'SCRIPT')) {
                    prop = (node.id ? "#" + node.id : "") + (node.
```

```
className ? '.' + node.className : "");
                          nodes.push(node.nodeName + prop);
                          traverse(node);
                    }
              }
              return nodes; //返回节点元素
          }
          function doDom(d) {
              traverse(d);
              for (let i = 0; i < nodes.length; i++) {
                    console.log(nodes[i]);
                    document.write(nodes[i] + "<br>")
              }
          }
          doDom(document);
      </script>
  </body>
  </html>
```

2.3.5 操作 HTML 元素

在利用 DOM 操作 HTML 元素时，既可以利用 Document 接口提供的属性和方法获取操作的元素，又可以利用 Element 接口提供的方法获取操作的元素。

Document 接口描述了任何类型的文档通用的属性与方法，其构造器是 Document()。常用 HTMLDocument 的实例获取 document 对象。

Element 接口是一个通用性非常强的基类，所有 Document 对象下的对象都继承自它。这个接口描述了所有相同种类的元素普遍具有的方法和属性。

1. 利用 document 对象的属性获取元素

document 对象提供了用于获取文档中元素的属性，常用的属性如表 2-7 所示。

表 2-7　document 对象中获取元素的常用属性

属性	描述
document.all	返回一个以文档节点为根节点的 HTMLAllCollection 集合
document.anchors	返回一个包含文档中所有锚点元素的列表
document.body	返回当前文档的 body 或 frameset 节点
document.documentElement	返回当前文档的直接子节点
document.forms	返回一个包含当前文档中所有表单元素的列表
document.head	返回当前文档的 head 元素
document.images	返回一个包含当前文档中所有图片的列表
document.links	返回一个包含文档中所有超链接的列表
document.scripts	返回文档中所有的 script 元素
document.styleSheetSets	返回一个包含文档中可用样式表的列表
document.defaultView	返回一个对 window 对象的引用
document.title	获取或设置当前文档的标题

2. 利用 document 对象的方法获取元素

document 对象提供了用于获取文档中元素的方法，常用的方法如表 2-8 所示。

表 2-8　document 对象中获取元素的常用方法

方法	描述
document.getElementsByClassName(names)	返回一个包含了所有指定类名的子元素的列表
document.getElementsByTagName(name)	返回一个自动更新的，包括所有指定标签名称的元素的 HTML 集合
document.getElementById(id)	返回一个匹配特定 ID 的元素
document.querySelector(selectors)	返回文档中与指定选择器或选择器组匹配的第一个元素对象
document.querySelectorAll(selectors)	返回与指定的选择器组匹配的文档中的元素列表
document.getElementsByName(name)	返回指定名称的节点列表集合

3. 利用 document 对象的方法创建元素

document 对象提供了用于创建元素的方法，常用的方法如表 2-9 所示。

表 2-9　document 对象中创建元素的常用方法

方法	描述
document.createAttribute(name)	创建一个新的 Attr 对象并返回
document.createComment(data)	创建一个新的注释节点并返回
document.createDocumentFragment()	创建一个新的文档片段
document.createElement(tagName[,options])	用给定标签名创建一个新的元素
document.createTextNode(data)	创建一个文本节点

4. 利用 document 对象的方法向文档中写入内容

document 对象提供了向文档中写入内容的方法，如表 2-10 所示。

表 2-10　document 对象中向文档中写入内容的方法

方法	描述
document.write(markup)	将一个文本字符串写入一个由 document.open() 打开的文档流
document.writeln(line)	向文档中写入文本，并且文本后紧跟着一个换行符

【训练 2-2】在打开网页时，创建一个包含"欢迎大家"的 div 元素，代码如下。代码清单为 code2-2.html。

```
<!DOCTYPE html>
<html>
<head>
    <meta charset = "utf-8">
    <title>DOM 操作</title>
</head>
<body>
```

```
        <script>
            document.body.onload = addElement;
            function addElement() {
                //创建一个新的 div 元素
                let newDiv = document.createElement("div");
                //在 div 元素中添加一些内容
                let newContent = document.createTextNode("欢迎大家");
                //添加文本节点到 div 元素中
                newDiv.appendChild(newContent);
                //将 div 元素和其中的内容添加到 DOM 中
                document.body.appendChild(newDiv);
            }
        </script>
    </body>
</html>
```

5. 利用 Element 对象的方法获取元素

Element 对象也提供了用于获取文档中元素的方法，常用的方法如表 2-11 所示。

表 2-11　Element 对象中获取元素的常用方法

方法	描述
Element.getElementsByClassName(names)	返回一个自动更新的,包含所有指定类名列表的子元素的 HTML 集合
Element.getElementsByTagName(name)	返回一个自动更新的,包含所有指定标签名的元素的 HTML 集合
Element.querySelector(selectors)	返回文档中与指定选择器或选择器组匹配的第一个元素对象
Element.querySelectorAll(selectors)	返回文档中与指定的选择器组匹配的元素列表

说明：表 2-11 中的方法与 document 对象的部分方法同名，返回值是对象集合，实际上是 HTMLCollection 对象。

6. 利用 Element 对象的方法操作元素属性

HTMLElement 接口是所有 HTML 元素的基本接口。HTMLElement 接口继承自 Element 接口并且增加了一些额外功能，用于描述具体的行为。Element 对象的属性及其操作元素属性的方法如表 2-12 所示。

表 2-12　Element 对象的属性及其操作元素属性的方法

属性和方法	描述
Element.classList	返回元素包含的类属性
Element.className	获取元素的类名
Element.id	获取元素的 id
Element.innerHTM	获取元素的内容文本
Element.outerHTML	获取 DOM 元素及其后代的 HTML 文本
Element.tagName	返回一个包含给定元素的标签名

续表

属性和方法	描述
Element.children	返回一个节点的子元素节点，对象类型为 HTML Collection。childNodes 返回所有的节点，包括文本节点、注释节点；children 只返回元素节点
Element.getAttribute(attr)	返回元素的一个指定的属性值
Element.getAttributeNode(attr)	返回指定元素的指定属性节点
Element.removeAttribute(attr)	从指定的元素中删除指定属性
Element.removeAttributeNode(attrNode)	从当前的元素节点中删除指定属性
Element.setAttribute(name,value)	设置指定元素的 name 属性的值 value。如果属性值已经存在，则更新该值；否则，使用指定的名称和值添加一个新的属性
Element.setAttributeNode(attr)	为指定的元素添加属性节点
Element.toggleAttribute(name [,force])	切换给定元素的某个布尔值属性的状态，force 是一个布尔值

7. 利用 Element 对象的方法插入节点

Element 对象还提供了在文档中插入节点的方法，常用的方法如表 2-13 所示。

表 2-13　Element 对象中插入节点的常用方法

方法	描述
Element.insertAdjacentElement(pos,ele)	将一个给定的元素节点插入给定的相对于被调用的元素的位置
Element.insertAdjacentHTML(pos,text)	将指定的文本解析为元素，并将结果节点插入 DOM 树中的指定位置
Element.insertAdjacentText(pos,ele)	将一个给定的文本节点插入给定的相对于被调用的元素的位置

参数说明如下。

- pos 表示要插入的节点相对于元素的位置其值必须是以下字符串之一。

    'beforebegin'：在元素之前。

    'afterbegin'：在元素内部第一个子元素之前。

    'beforeend'：在元素内部最后一个子元素之后。

    'afterend'：在元素之后。

- ele 表示要插入 DOM 树中的文本。
- text 表示要被解析为 HTML 或 XML 元素，并插入到 DOM 树中。

【训练 2-3】使用 Element 对象中的方法插入节点，代码如下。代码清单为 code2-3.html。

```html
<!DOCTYPE html>
<html>
<head>
    <meta charset = "utf-8">
```

```
    <title></title>
</head>
<body>
    <!-- beforebegin -->
    <div id = "box">
        <!-- afterbegin -->
        foo
        <!-- beforeend -->
    </div>
    <!-- afterend -->
    <script>
        var d1 = document.getElementById('box');
        d1.insertAdjacentHTML('afterbegin', '<h2>insertAdjacentHTML() 方法
使用</h2>');
        d1.insertAdjacentText('beforeend', '<br>这是插入的文本内容,而不是 HTML
节点, 还可使用 node.textContent 来实现')
    </script>
</body>
</html>
```

2.3.6 本地数据存储方案

在早期的 Web 应用程序中，Cookie 是唯一可在客户端保存状态的通用解决方案。然而 Cookie 的容量只有 4KB，另一个问题是数据保存是有期限的并且每次请求都会附上 Cookie。HTML5 规范了 Web Storage（Web 存储），可以通过 sessionStorage 或 localStorage 在客户端保存信息，容量约为 5MB（容量与浏览器有关）。

1. 认识 Web Storage

HTML5 的 Web Storage 提供了 localStorage 和 sessionStorage 两种客户端存储数据的方法，它们以键值对的形式在本地保存数据，Web Storage 只能存储字符串，非字符串转换成字符串后才能存储。

localStorage 是以源（Origin）为单位管理数据的，窗口或标签页可以共享数据，即使关闭浏览器或标签页后，利用 localStorage 保存的数据也不会被删除。SessionStorage 用于管理当前会话内的数据,其有效期和存储数据的脚本所在的最顶层窗口或浏览器标签页是一样的，一旦窗口或标签页被关闭了，那么所有利用 sessionStorage 存储的数据也都会被删除。

Web Storage 在 API 上，主要规范了 Storage、sessionStorage、localStorage 接口及 storage 事件。Storage 接口定义了 key()、getItem()、setItem()、removeItem()、clear()方法及 length 属性。

2. 使用 localStorage

localStorage 可为同源的页面提供一个 Storage 实例，也就是同源的页面共享一个保存空间，保存的数据可以长期保存，不需要的数据需手动删除。

localStorage 通常被当作普通的 JavaScript 对象使用，可通过设置属性来存储字符串，可通过查询属性来读取相应的字符串。

（1）保存和获取数据。

调用 setItem()方法，并将对应的名字和值传入，可以实现数据的存储。调用 getItem()方法，并将名字传入，可以获取对应的值。例如，在本地存储和获取用户名数据，代码如下。

```
localStorage.setItem("username","peter");
localStorage.getItem("username")
```

使用 length 属性及 key()方法，并传入 0 ~ length−1 的数字，可以遍历所有存储的数据。

【训练 2-4】输出所有本地存储数据的名字和值，代码如下。代码清单为 code2-4.html。

```
localStorage.setItem("username", "peter");
for (let i = 0; i < localStorage.length; i++) {
    let name = localStorage.key(i);
    let value = localStorage.getItem(name);
    console.log(name, value);
}
```

（2）删除数据。

调用 removeItem()方法，并将名字传入，可以删除对应的数据。调用 clear()方法可以删除所有存储的数据。例如，删除本地存储的用户名数据，代码如下。

```
localStorage.removeItem("username");
localStorage.clear();
```

（3）监听本地存储的变更。

可以通过 window.addEventListener()方法监听本地存储事件 storage。storage 存储事件采用广播机制，浏览器会向目前正在访问同一站点的所有窗口发送消息。与 storage 存储事件相关的 Event 对象有 5 个重要的属性，如表 2-14 所示。

表 2-14　Event 对象的重要属性

序号	属性	描述
1	key	表示设置或者移除的项的名字或者键名
2	newValue	表示保存的某项的新值
3	oldValue	改变或者删除某项前，保存该项原先的值，即 oldValue 的值；当插入一个新项的时候，该属性值为 null
4	storageArea	这个属性值就好比目标 window 对象的 localStorage 属性
5	url	表示触发存储变化脚本所在文档的 URL

由于同源的页面共享同一个 Storage 实例，如果有多个分页同时浏览同源的页面，在其中一个分页中改变 localStorage 的内容，就会触发 storage 事件。

2.4　任务实现

网页换肤功能要通过编写 HTML 文件、CSS 文件、JavaScript 脚本文件来实现，效果如图 2-6 所示。

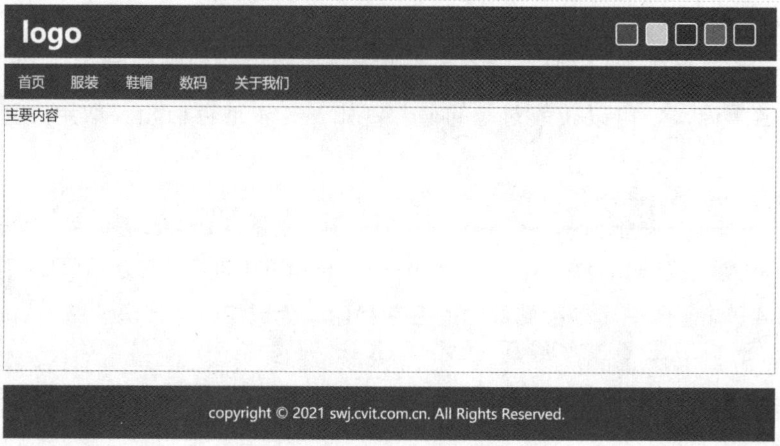

图 2-6　网页换肤效果图

2.4.1　编写 HTML 文件

1. 创建站点

新建项目文件夹 Chapter2，在该文件夹中新建 css 和 js 文件夹，分别用于放置 CSS 样式表文件和 JavaScript 脚本文件。

2. 编写 index.html 文件

V2-1　编写
HTML 文件

在项目文件夹中新建 index.html 文件，依据 HTML5 规范编写该文件，设置网页标题为"设计网页换肤效果"。代码如下。

```html
<!DOCTYPE html>
<html lang = "zh">
 <head>
    <meta charset = "UTF-8">
    <meta name = "viewport" content = "width = device-width, initial-scale = 1.0">
    <meta http-equiv = "X-UA-Compatible" content = "ie = edge">
    <title>设计网页换肤效果</title>
    <link id = "layout" rel = "stylesheet" href = "./css/default.css">
</head>
<body>
    <header class = "flex between">
        <h1>logo</h1>
        <ul class = "flex start">
            <li title = "红色"></li>
            <li title = "绿色"></li>
            <li title = "蓝色"></li>
            <li title = "橙色"></li>
            <li title = "默认色"></li>
        </ul>
    </header>
    <nav>
        <ul class = "flex start">
```

```
            <li><a href = "#">首页</a></li>
            <li><a href = "#">服装</a></li>
            <li><a href = "#">鞋帽</a></li>
            <li><a href = "#">数码</a></li>
            <li><a href = "#">关于我们</a></li>
        </ul>
    </nav>
    <section>
        <div class = "inner">主要内容</div>
    </section>
    <footer>
        <p>copyright &copy; 2021 swj.cvit.com.cn. All Rights Reserved. </p>
    </footer>
    <script src = "./js/changestyle.js"></script>
 </body>
</html>
```

2.4.2 编写 CSS 文件

在 css 文件夹中，创建并编写 default.css 样式表文件。

1. 进行 CSS 初始化

CSS 初始化主要为了消除不同浏览器中 HTML 内容呈现效果的差异。CSS 初始化文件可以手动编写，也可以使用通用的 normalize.css 文件。normalize.css 只是一个很小的 CSS 文件，但它为默认的 HTML 元素样式提供了跨浏览器的

V2-2 编写 CSS 文件

高度一致性。normalize.css 是一种为 HTML5 准备的优质方案。normalize.css 现被用于 Twitter Bootstrap、HTML5 Boilerplate、GOV.UK、Rdio、CSS Tricks 及许许多多其他的框架、工具和网站中。使用 link 标签引入内容分发网络（Content Delivery Network，CDN）上的 URL 即可使用该文件。

2. 编写样式表文件 default.css

default.css 文件的代码如下。

```
header,nav,section,footer {
    display: block;
    width: 900px;
    margin: 0.425em auto;
    box-sizing: border-box;
    background: #809;
}
a {
    text-decoration: none;
    color: #ff0;
}
ul,li {
    list-style: none;
    margin: 0;
    padding: 0;
}
```

```
.flex {
    display: flex;
    flex-flow: row nowrap;
    align-items: center;
}
.between {
    justify-content: space-between;
}
.start {
    justify-content: flex-start;
}
header {
    height: 60px;
    color: #fff;
    padding: 0 20px;
}
h1 {
    font-size: 2em;
    margin: 0;
}
header > ul > li {
    width: 22px;
    height: 22px;
    border: 2px solid #fff;
    margin: 0 4px;
    background: #fff;
    color: #fff;
    border-radius: 4px;
    transition: all 3ms;
}
header > ul > li:hover {
    cursor: pointer;
    box-shadow: 4px 4px 10px #333;
    transform: rotate(45deg);
}
nav {
    height: 40px;
    line-height: 40px;
    color: #fff;
}
nav > ul > li {
    margin: 0 1em;
}
nav > ul > li > a:hover {
    color: #fff;
}
section {
    height: 300px;
    background: #fff;
    border: 1px #666 solid;
}
footer {
```

```
        height: 60px;
}
footer p {
        height: 60px;
        line-height: 60px;
        text-align: center;
        color: #fff;
}
```

3. 编写其他样式表文件

将 default.css 文件另存为 red.css、green.css、blue.css 和 orange.css 并进行相应的修改。它们在更换网页皮肤时使用。

2.4.3　编写 JavaScript 脚本文件

在 js 文件夹中新建 changestyle.js 文件，在该文件中编写代码，实现更换网页样式和本地存储数据的功能。代码如下。

V2-3　编写
JavaScript 脚本
文件

```
//数据描述
let bg = ['#f00', '#0f0', '#00f', 'orangered', '#809'],
        linkCss = ['red', 'green', 'blue', 'orange', 'default'];
//选择元素
let $ = function(sel) {
        return document.querySelectorAll(sel);
}
let link = document.getElementById("layout"),
        list = $("header>ul>li"),
        css = "default";
//获取存储的数据
if (localStorage.getItem('cssName')) {
        css = localStorage.getItem('cssName');
}
link.setAttribute('href','./css/${css}.css');
for (let i = 0; i < list.length; i++) {
        list[i].style.backgroundColor = bg[i];
        list[i].onclick = (evt) => {
                link.href = `./css/${linkCss[i]}.css`;
                localStorage.setItem('cssName', '${linkCss[i]}');
        }
}
```

2.5　任务拓展——设计网页文字的缩放效果

2.5.1　任务描述

一些新闻类网站为了满足用户对文字大小的不同需求，需提供放大和缩小文字的功能。

2.5.2 任务要求

利用本单元所学的关键知识和技术，编写 HTML 文件、CSS 文件和 JavaScript 脚本文件实现改变网页中文字大小的功能，包括放大功能（A+）和缩小功能（A−）。参考效果如图 2-7 所示。

图 2-7 改变网页中文字大小效果图

2.6 课后训练

在实际项目的开发中，需要实现网页中的图片随着主题的变化而变化的功能。这时可以通过引入所有图片，并用文件名来区分不同主题对应的图片，在切换主题时，切换到主题对应的文件，图片也随之切换。

利用本单元所学知识和技术，准备素材并编写网页，实现当切换主题时网页中的图片也随之切换的效果。

【归纳总结】

本单元主要介绍了 HTML DOM 的操作方法和 HTML5 中的本地存储技术，重点介绍了利用 DOM 操作 DOM 节点和 HTML 元素的方法，并运用这些知识和技术实现了网页换肤效果。通过对本单元的学习，学生可以积累 Web 开发经验，进一步增强 Web 开发的自信心。本单元内容的归纳总结如图 2-8 所示。

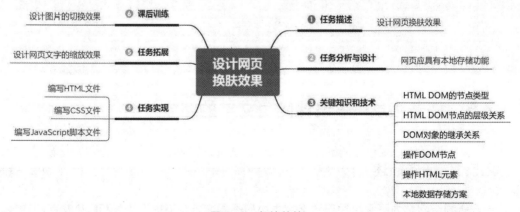

图 2-8 归纳总结

单元3
设计网站的二级导航效果

03

【单元目标】

1. 知识目标

- 掌握利用 JavaScript 脚本处理 CSS 行内样式、类样式和样式表的方法；
- 了解 DOM 事件的构成要素和传播过程；
- 掌握注册事件处理程序的方法；
- 掌握获取事件对象的方法；
- 掌握实现事件模拟和事件委托的方法。

2. 技能目标

- 通过编写 HTML 文件、CSS 文件和 JavaScript 脚本文件，能够完成网站的二级导航效果设计。

3. 素养目标

- 树立正确的科学观，培养勇于探索、不畏艰难、甘于奉献、开拓创新的良好品格和精神。

【核心内容】

本单元的核心内容如图 3-1 所示。

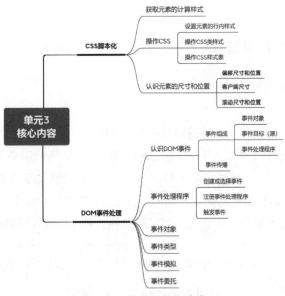

图 3-1　单元 3 核心内容

3.1 任务描述

导航对于网站来说，具有重要的引导作用。导航好比网站的地图，优秀的导航设计可以让用户快速地找到需要的内容，让用户清晰地了解网站的框架结构。

导航或菜单是用户在访问网站时会下意识寻找的组件。它们提供了一系列的功能和操作入口，指引用户找到需要的内容。导航通常包含不同的项目，这些项目通常会触发不同的动作或者操作，进而跳转至不同的元素、应用或者网站。良好的导航设计会根据网页当前的位置和状态动态地显示相关信息，以提醒用户相关的操作内容。

本单元的主要任务是利用 JavaScript 实现网站的二级导航效果设计。

3.2 任务分析与设计

目前，网页导航设计逐渐趋于系统化、规则化，从视觉主导逐步转变为最佳实践，一个典型的案例是使用汉堡式导航来收纳导航元素。最佳实践是一个管理学概念，它认为存在某种技术或者方法使生产管理实践的结果达到最优，并减小出错的可能性，也就是常说的"最佳解决方案"。

易使用的网站导航设计就像优秀的交通标识，简明清晰，且能指明方向，让人可以方便、快速地找到目标。当然，用户需要了解当前网页所处的位置，这样可以确定下一步要做什么。这也是为什么将导航设计视为用户体验的基本要素。

为了不让用户对导航感到迷惑，应当引入简约的、符合逻辑结构的元素，可以将内容根据主题进行划分和组织，从宽泛的品类逐步梳理到精确的品类，将其按照字母顺序、目录索引、关键词或术语表排序。

3.2.1 导航的表现形式

常见的网站导航表现形式有以下几种。

1. 顶部导航

顶部导航被广泛应用在各个领域的网站中，可以让用户迅速找到所需内容。顶部导航的设计形式一般比较保守但目的性强，可以确保组织结构的可靠，降低用户寻找所需内容的时间成本。但这类导航有个缺点，当网页内容过多的时候，用户需要滚动到网页顶部才能切换导航内容。所以现在设计导航时会将导航固定在顶部，以减小用户的时间成本。顶部导航的样式很多，可以与 logo、登录或注册按钮、搜索框搭配实现多种效果。华为云顶部导航如图 3-2 所示。

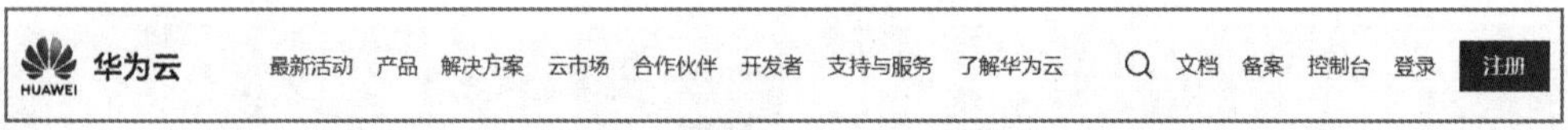

图 3-2　华为云顶部导航

2. 侧边导航

侧边导航的设计形式多样，可动、可静、可大、可小。一般不建议设计固定的侧边导航，特别是宽度大的侧边导航，这样的设计会影响整个网页的宽度。可以考虑以滑动方式展示侧边导航，这样可在节约空间的同时使网页更加简约。华为云侧边导航如图 3-3 所示。

在设计侧边导航时，需要注意导航栏的宽度，若导航栏中文字过长，不利于展示，哪怕使用滑动方式，效果也不是很好。结构复杂的网站不适合用这类导航，这类导航适用于个人网站和结构简单的网站。

图 3-3　华为云侧边导航

3. 底部导航

底部导航的应用范围不是很广，经常应用于一些个性化的网站中。其实底部导航大多使用在移动端网页中，而不是 PC 端网页中。

PC 端中的底部导航，一般都采用固定的方式，这类导航可以减小用户的使用成本，但对于结构复杂的网站（如有二级或三级导航的网站）就不适用于此类导航。将导航放置在底部，对于用户来说不是特别友好，因为用户一般是从上到下、从左往右浏览信息的。因此，有很多网站的首页导航放在底部，到其他页面的导航固定到顶部区域。新浪网底部导航如图 3-4 所示。

图 3-4　新浪网底部导航

4. 汉堡式导航

汉堡式导航常见于移动端，但现在不少的 PC 端网页也越来越喜欢用汉堡式导航设计。这样的设计比较节约空间，且具有设计感。华为云移动端汉堡式导航如图 3-5 所示。

图 3-5　华为云移动端汉堡式导航

5. 面包屑导航

面包屑导航可以很好地引导用户浏览网页，这种引导对那些从外部链接跳转到网站中深层级页面的用户尤其重要。但是面包屑导航只有非常精确才能发挥作用，不能发生丢失层级或者引导至错误层级的页面的情况。对于只有两个层级的小网站，就没有必要使用面包屑导航了，如果一定要使用，那么就要保持网页层级的连贯性和一致性。华为云面包屑导航如图 3-6 所示。

云社区 › 论坛 › 全部版块 › DevCloud › API开发者社区

图 3-6　华为云面包屑导航

6．滚动式导航

滚动式导航根据滚动方向可分为水平式滚动导航和垂直式滚动导航两种类型。

水平式滚动导航的滚动方向为水平方向。这种类型的导航的用户体验比较差，因为它的滚动方向与常规的纵向滚动不同，而且当使用鼠标滚轮滚动的时候，它的水平滚动会让用户产生交互的错位感。所以使用滚动式导航的网站比较少。如果在网页中加入向左或向右的指示箭头，给用户一个心理暗示，可以减少突兀感。

垂直式滚动导航在 HTML5 网页中运用广泛，将动画特效和垂直式滚动导航结合，可以实现新奇的视觉效果。

以上介绍的导航方式各有利弊，但无论使用哪一种导航，它都应该起到让用户迅速找到所需内容的作用，且能增强网站的易用性和易操作性，这才是导航的设计原则。

3.2.2　导航的设计流程

导航设计的一般流程包括整理导航的内容、确定导航的风格、选出最优的设计。

1．整理导航的内容

网站头部通常包括标志、搜索框、登录或注册按钮、宣传语等内容，这些内容不一定全都能放置在导航中。所以在设计导航前需要规划好导航的内容，适当地做一些取舍。

2．确定导航的风格

在确定网站导航的内容之后，分析网站的整体风格和用户体验，确定导航的风格，确定导航的表现形式是顶部导航还是底部导航。

3．选出最优的设计

在确定导航的表现形式之后，将确定的导航内容进行组合设计，选出最优的一个设计。在设计导航的过程中，需要遵从用户体验为上的设计原则，在保证内容可读性的情况下，尽可能地优化其设计。

好的导航对于整个网站来说很重要，在确定导航的设计后，需要利用 JavaScript 脚本实现其交互功能。

3.3　关键知识和技术——CSS 和 DOM 事件

网站导航的交互功能是通过选择导航元素、操作 CSS 和添加 DOM 事件等来实现的。

操作 CSS 就是通过 JavaScript 脚本处理 CSS 样式，也称 CSS 脚本化。HTML 中的 CSS 样式包括使用 link 标签引入的外部样式、使用 style 属性设置的元素行内样式和使用 style 标签引入的文档样式。CSS 解析器会将 CSS 文件解析成 StyleSheet 对象，且每个对象都包含 CSS 样式规则（CSS Style Rule）。CSS 样式规则对象包含选择器和声明对象，以及其他与 CSS 语法对应的对象。

JavaScript 采用的是异步事件驱动编程模式，在这种程序设计风格下，当文档、浏览器、元素或对象发生某些事情时，Web 浏览器就会产生事件。Web 浏览器就会在事件出现时产生或触发某种信号，并且会提供一个自动加载某种动作的机制。

3.3.1 获取元素的计算样式

DOM 元素的计算样式是由浏览器把内联样式与链接样式表中所有可应用的样式规则结合后得到的一组只读属性值。可以使用 window.getComputedStyle()方法来获取元素的计算样式，语法格式如下。

```
let style = window.getComputedStyle(element, [pseudoElt]);
```

参数说明如下。

- element 用于获取需计算样式的元素。
- pseudoElt 为可选参数，用于指定一个要匹配的、伪元素的字符串。若 element 为普通元素，此参数必须省略。

查询元素的尺寸和位置最简单的方法是调用 getBoundingClientRect()方法。它不需要传入参数，会返回一个有 width、height、left、right、top 和 bottom 属性的对象。left 和 top 属性表示元素的左上角的坐标，即（left,top），right 和 bottom 属性表示元素的右下角的坐标，即（right,bottom），如图 3-7 所示。查询元素尺寸和位置的语法格式如下。

```
rectObject = object.getBoundingClientRect();
```

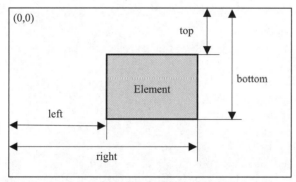

图 3-7　元素的相关属性及其相对位置

3.3.2 设置元素的行内样式

任何支持 style 属性的 HTML 元素在 JavaScript 中都有一个对应的 style 属性，HTML style 属性中的 CSS 声明在 JavaScript style 对象中通常都有对应的属性，属性名采用驼峰形式表示。其中 float 是 JavaScript 保留字，DOM2 Style 规定 float 属性在 JavaScript 中的 style 对象中对应的属性名为 cssFloat。

style 对象的常用属性和方法如表 3-1 所示。

表 3-1　style 对象的常用属性和方法

属性和方法	描述
cssText	返回结果包含 style 属性中的 CSS 代码
length	返回元素的 CSS 属性的数量
item(index)	返回指定索引对应的 CSS 属性名
parentRule	返回 CSSRules 对象
getPropertyValue(propertyName)	返回包含属性 propertyName 的字符串
removeProperty(propertyName)	从样式中删除 CSS 属性 propertyName
setProperty(propertyName,value,priority)	设置 CSS 属性 propertyName 的值为 value，priority 的值是 important 或空字符串

设置元素的行内样式是通过元素的 style 属性来实现的，语法格式如下。

```
style = element.style
```

【训练 3-1】使用 style 属性设置元素样式，代码如下。代码清单为 code3-1.html 中。

```html
<!DOCTYPE html>
<html>
<head>
    <meta charset = "utf-8">
    <title></title>
</head>
<body>
    <script>
        const div = document.createElement('div');        //创建元素节点
        let p = document.createElement("p"),
            cnt = document.createTextNode("Lorem ipsum dolor."); //创建文本节点
        div.style.backgroundColor = "red";                //添加背景颜色
        p.style.cssText = "width:250px; height:40px;background-color:green";
        p.appendChild(cnt);
        div.appendChild(p);
        document.body.appendChild(div);                   //元素追加 div 元素
        console.log(div.outerHTML);
        console.log(p.getBoundingClientRect()['width']);
        console.log(window.getComputedStyle(p).getPropertyValue('width'));
    </script>
</body>
</html>
```

3.3.3　操作 CSS 类样式

可以使用 HTML 的 class 属性值操作元素的 CSS 类样式。改变元素的 class 属性值可以改变应用于元素的一组样式表选择器，能同时改变多个 CSS 属性。由于 class 是 JavaScript 保留字，因此，HTML 属性 class 在 JavaScript 中对应的对象属性是 className。className 属性值是一个字符串，表示元素的 class 属性值，可以是由空格分隔的多个 class 属性值。这样在访问或修改元素的类列表时不是很方便，于是 HTML5 给出了解决方案，为每个元素定义了

classList 属性，它用于在元素中添加、移除及切换 CSS 类样式。classList 的相关属性和方法如表 3-2 所示。

表 3-2 classList 的相关属性和方法

属性和方法	描述
length	返回类列表中类的数量
add(class1, class2, ...)	在元素中添加一个或多个类名
contains(class)	返回判断指定类名是否存在的布尔值
item(index)	返回元素中给定索引值对应的类名。索引值从 0 开始
remove(class1, class2, ...)	移除元素中的一个或多个类名
toggle(class, true|false)	在元素中切换类名。第一个参数表示要在元素中移除的类名，若成功移除类名，则返回 false；如果类名不存在则会在元素中添加类名，并返回 true。第二个参数是可选参数，是布尔值，用于设置是否为元素强制添加或移除类，不管类名是否存在

【训练 3-2】为 div 元素添加多个 CSS 类样式，代码如下。代码清单为 code3-2.html。

```html
<!DOCTYPE html>
<html>
<head>
    <meta charset = "utf-8">
    <title></title>
    <style>
        .foo { background-color: #f00;}
        .bar { color: #ff0; }
    </style>
</head>
<body>
    <script>
        const div = document.createElement('div');   //创建 div 元素
        div.className = 'foo';                        //为 div 添加 class 属性
        div.innerHTML = "Lorem ipsum dolor.";         //为 div 添加文本内容
        const cls = ["foo", "bar"];
        div.classList.add(...cls);
        document.body.appendChild(div);               //追加 div 元素
        console.log(div.outerHTML);
    </script>
</body>
</html>
```

3.3.4 操作 CSS 样式表

在加载文档的样式表时，CSS 样式表对象是由浏览器自动创建并插入到文档的 document.styleSheets 列表中的。通过 document.styleSheets 的 length 属性可以获取文档中样式表的数量，通过方括号语法或 item()方法可以访问到每一个样式表对象。document.styleSheets 属性会返回一个 StyleSheetList 或者 CSSStyleSheet 对象，这个对象对应的是通过引入或者嵌

71

入文档中的样式表。StyleSheetLists 表示一个 StyleSheet 的列表，是一个类数组对象。CSSStyleSheet 对象代表一个 CSS 样式表，并允许检查和编辑样式表中的规则列表，它从父类型 StyleSheet 继承属性和方法。CSSStyleSheet 对象的属性和方法如表 3-3 所示。

表 3-3　CSSStyleSheet 对象的属性和方法

属性和方法	描述
disabled	返回当前样式表是否可用的布尔值
href	返回样式表 link 的 href 属性值。若不存在，则返回 null
media	返回样式的预期目标媒体
ownerNode	返回当前样式表与文档关联的节点。若不存在，则返回 null
parentStyleSheet	返回包含指定样式表的样式表。若不存在，则返回 null
title	返回当前样式表的 title 属性值。若不存在，则返回 null
type	返回当前样式表的 type 属性值。若不存在，则返回 null
cssRules	当前样式表包含的样式表规则的列表
deleteRule(index)	从样式表中删除指定位置的一条规则
insertRule(rule,index)	向样式表的指定位置插入一条新规则，其中 index 默认为 0

一个 CSS 样式表包含了一组表示规则的 CSSRule 对象。每条 CSS 规则可以通过与之相关联的对象进行操作，这些规则被包含在 CSS 规则列表 CSSRuleList 内，可以通过样式表的 cssRules 属性获取。CSSRule 对象的属性如表 3-4 所示。

表 3-4　CSSRule 对象的属性

属性	描述
cssText	返回整条规则的文本
parentRule	返回包含当前规则的规则。若不存在，则返回 null
parentStyleSheet	返回在当前规则中已定义的样式表对象

【训练 3-3】为样式表添加一条样式规则，代码如下。代码清单为 code3-3.html。

```
<!DOCTYPE html>
<html>
<head>
    <meta charset = "utf-8">
    <title>styleSheets</title>
</head>
<body>
    <script>
        if (document.styleSheets.length == 0) {
            let style = document.createElement("style");
            style.appendChild(document.createTextNode(""));
            document.head.appendChild(style);
        }
        let sheet = document.styleSheets[0];
```

```
            sheet.insertRule("body { background:red;color:yellow}", 0);
            document.write(sheet.cssRules[0].cssText);    //body { background:
red; color: yellow; }
            console.log(document.head.outerHTML);
            //<head> <meta charset="utf-8"> <title>styleSheets</title> <style>
</style></head>
        </script>
    </body>
    </html>
```

3.3.5　认识元素的尺寸和位置

元素的尺寸和位置主要包括偏移尺寸和位置、客户端尺寸、滚动尺寸和位置。

1. 偏移尺寸和位置

偏移尺寸是元素在页面中的视觉空间，由其高度和宽度决定，包括所有内边距、滚动条和边框。偏移尺寸的属性如表 3-5 所示。

表 3-5　偏移尺寸的属性

属性	描述
offsetHeight	元素在垂直方向上占用的像素尺寸
offsetWidth	元素在水平方向上占用的像素尺寸
offsetTop	元素上边框外侧距离包含元素上边框内侧的像素数
offsetLeft	元素左边框外侧距离包含元素左边框内侧的像素数

偏移尺寸和位置示意图如图 3-8 所示。

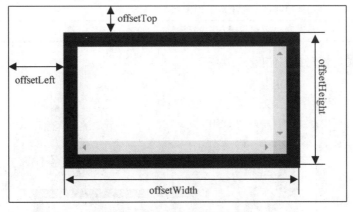

图 3-8　偏移尺寸和位置示意图

2. 客户端尺寸

客户端尺寸是指元素内部的空间，不包含滚动条占用的空间，只有两个相关属性 clientWidth 和 clientHeight。确定浏览器视口（Viewport）尺寸，即确定 document.documentElement 的 clientWidth 和 clientHeight 的值。客户端尺寸的属性如表 3-6 所示。

表 3-6　客户端尺寸的属性

尺寸	描述
clientWidth	内容区宽度加左、右内边距宽度
clientHeight	内容区高度加上、下内边距高度

客户端尺寸示意图如图 3-9 所示。

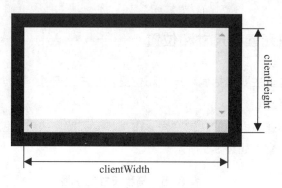

图 3-9　客户端尺寸示意图

3．滚动尺寸和位置

滚动尺寸指元素中内容滚动的距离。滚动尺寸和位置的相关属性如表 3-7 所示。

表 3-7　滚动尺寸和位置的相关属性

属性	描述
scrollHeight	是元素内容高度的度量，包括溢出导致的视图中不可见内容的高度
scrollWidth	是元素内容宽度的度量，包括由于 overflow 溢出而在屏幕上不可见内容的宽度
scrollTop	元素的内容垂直滚动的像素数
scrollLeft	元素滚动条到元素左边的距离

滚动尺寸和位置示意图如图 3-10 所示。

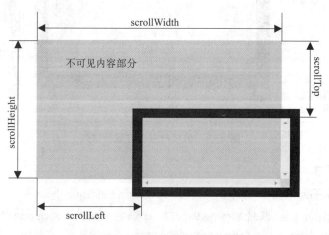

图 3-10　滚动尺寸和位置示意图

3.3.6 认识 DOM 事件

事件是一种异步编程的实现方式，用于程序中各个组成部分间的通信。DOM 事件就是 Web 浏览器通知应用程序发生了什么事情，可以是浏览器行为也可以是用户行为。一个完整的事件由事件对象、事件目标（源）和事件处理程序（监听器）3 部分组成。其中，事件目标是发生的事件或与之相关的对象；事件处理程序是处理或响应事件的函数，如果对象注册的事件处理程序被调用，说明浏览器触发了事件；事件对象是与特定事件相关且含有该事件详细信息的对象，只有事件发生时才产生，并且只有作为参数传递给事件处理程序后才能被访问。在所有事件处理程序运行后，事件对象会被销毁。

目前的事件模型主要分为原始事件模型、IE 事件模型和 W3C 规范的 DOM 标准事件模型。原始事件模型采用的是利用属性绑定事件处理机制，把事件分派给发生事件的文档元素，其缺点是可能导致内存泄露或性能下降。IE 事件处理模型采用的是事件代理的冒泡机制，由于不符合 W3C 规范，应用受限，不对其作详细介绍。DOM 标准事件模型是一种强大的具有完整特性的事件模型，采用的是兼容事件代理的冒泡和捕获传播机制。所有现代浏览器都支持事件冒泡传播方式。浏览器中的事件会一直冒泡到 window 对象。

事件传播（Event Propagation）是浏览器决定哪个对象触发事件处理程序的过程。单个对象的特定事件（如 window 对象的 load 事件）是不能传播的。当文档元素发生某个类型的事件时，该事件会在元素节点与根节点之间按特定的顺序传送，经过的节点都会收到该事件，事件传播过程也称为 DOM 事件流。

事件的传播分为 3 个阶段。首先是捕获阶段，事件从根节点（window）沿着 DOM 树向下传播到目标节点；然后进入目标阶段，如果目标节点注册了捕获事件的处理程序，那么事件在传播过程中就会触发并执行事件处理程序；最后进入冒泡阶段，事件会沿着与捕获阶段相反的路线返回根节点，如果根节点注册了相应的事件处理程序，它也会被触发并执行。事件传播过程如图 3-11 所示。

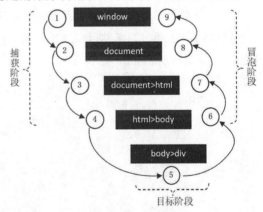

图 3-11 事件传播过程

3.3.7 事件处理程序

事件处理程序就是为响应事件而调用的函数。事件处理程序的名字以 "on" 开头，因此 click 事件处理程序的名字为 onclick，load 事件处理程序的名字为 onload。注册事件监听器不需要指定事件处理程序的名字，但需要提供事件名称、事件处理函数和事件传播逻辑值。

根据 W3C DOM 标准，事件处理程序分为 DOM0、DOM2、DOM3 这 3 种级别，DOM1 级别中没有定义事件的相关内容。

1. DOM0 级事件处理程序

DOM0 级事件处理程序的作用是将一个函数赋给一个事件处理属性，有两种表现形式。

第一种表现形式使用事件处理程序的名字，并以 HTML 标签的属性形式来实现，此时属性值必须是能够执行的 JavaScript 代码或函数名。

【训练 3-4】以 HTML 标签的属性形式来实现单击按钮事件，代码如下。代码清单为 code3-4.html。

```html
<!DOCTYPE html>
<html>
<head>
    <meta charset = "utf-8">
    <title></title>
</head>
<body>
    <input type = "button" value = "点我" onclick = "showMessage()" />
    <script>
        var showMessage = function() {
            alert("点到我了");
        }
    </script>
</body>
</html>
```

JavaScript 编程的通用风格是 HTML 内容和 JavaScript 行为分离，因此应禁止或避免使用 HTML 事件处理程序的属性。

第二种表现形式通过为事件目标属性所需事件指定函数来实现。

【训练 3-5】通过为事件目标属性所需事件指定函数来实现单击按钮事件，代码如下。代码清单为 code3-5.html。

```html
<!DOCTYPE html>
<html>
<head>
    <meta charset = "utf-8">
    <title></title>
</head>
<body>
    <input type = "button" value = "点我"/>
    <script>
        let btn = document.getElementsByTagName("input")[0];
        btn.onclick = function() {
            alert("点到我了");
        }
    </script>
</body>
</html>
```

移除事件的方法是将对应事件处理程序设置为 null，阻止默认行为只需要在事件处理程序中添加 "return false" 即可。

这种事件处理程序注册技术适用于浏览器的所有事件类型。一般情况下，广泛实现的

Web API 定义的事件都允许通过设置事件处理程序属性来注册事件处理程序。其缺点是设计的前提是假设每个事件目标的每种事件类型将最多只有一个事件处理程序。

2. DOM2 级事件处理程序

DOM2 级事件处理程序规定了为元素对象添加事件处理程序和删除事件处理程序的方法，addEventListener()方法用于进行事件注册，removeEventListener()方法用于进行事件移除。它们接收 3 个参数：事件类型、事件处理程序和指定事件是否发生在捕获阶段的逻辑值（默认值为 false）。它们的语法格式如下。

```
Element.addEventListener(type,listener,useCapture);
Element.removeEventListener(type,listener,useCapture);
```

参数说明如下。

- type 是表示监听事件类型的字符串。
- listener 表示当监听的事件类型触发时，会接收到的一个事件通知对象。
- useCapture 为可选参数，默认值为 false。true 表示执行捕获方式传播事件，false 则表示执行冒泡方式传播事件。

事件监听器可以在一个 DOM 元素上绑定多个事件处理器，并且在处理函数中 this 关键字仍然指向被绑定的 DOM 元素，处理函数的参数列表中的第一个参数为事件对象。推荐使用 DOM2 级事件处理程序。

【训练 3-6】为同一个对象注册多个事件处理函数，代码如下。代码清单为 code3-6.html。

```html
<!DOCTYPE html>
<html>
<head>
    <meta charset = "utf-8">
    <title></title>
</head>
<body>
    <p id = "p1">为同一个对象注册多个事件处理函数</p>
    <script>
        var p1 = document.getElementById("p1");
        p1.addEventListener("mouseover", function() {
                p1.innerText = "Hello JavaScript";
            },
            true);
        p1.addEventListener("mouseout", function() {
            p1.innerText = "为同一个对象注册多个事件处理函数";
        }, true);
        p1.addEventListener("click", function() {
            p1.innerText = "Hello W3C!";
        }, true);
    </script>
</body>
</html>
```

3. DOM3 级事件处理程序

DOM3 级事件在 DOM2 级事件的基础上重新定义了一些事件。DOM2 级事件和 DOM3 级事件规范都提供了模拟方法，它们可以模拟所有原生 DOM 事件。DOM3 事件规范还增加了自定义事件类型 CustomEvent，自定义事件不会触发原生 DOM 事件。

3.3.8　事件对象

DOM 事件是一种传递信息的机制，事件本身不能承载任何数据，浏览器通过 JavaScript 的 Event 对象来承载事件的数据信息。当事件发生时，就会产生一个 Event 对象，该对象包含所有与事件相关的信息，这些信息以 Event 对象的形式传递给事件处理函数。事件处理函数的第一个参数或者指定名称的参数，例如 event、evt 或 e 等，就是事件对象 Event。Event 对象是传递给事件处理函数的唯一一参数。

1. Event 对象的属性和方法

Event 对象是数据信息的载体，包含一系列的属性和方法，其常用属性和方法如表 3-8 所示。

表 3-8　Event 对象的常用属性和方法

属性和方法	描述
bubbles	表示当前事件是否会向 DOM 树上层元素冒泡，返回一个布尔值
cancelable	表示事件是否可以取消，返回一个布尔值
currentTarget	表示当事件沿着 DOM 触发时，事件的当前目标
defaultPrevented	表示当前事件是否调用了 event.preventDefault()方法，返回一个布尔值
eventPhase	表示事件流当前处于哪一个阶段，返回一个整数值，其中，0 表示没有事件被处理，1 表示捕获阶段，2 表示目标阶段，3 表示冒泡阶段
target	表示目标元素，即被事件触发的元素
type	事件的类型，不区分大小写
createEvent()	创建一个新事件，如果使用此方法创建事件，则必须调用其自身的 initEvent()方法，对其进行初始化
initEvent()	用来初始化由 createEvent()创建的事件
preventDefault()	取消默认行为
stopImmediatePropagation()	取消所有后续事件捕获或事件冒泡，并阻止调用任何后续事件处理程序
stopPropagation()	取消所有后续事件捕获或事件冒泡

2. 获取 Event 对象及目标元素

在标准浏览器中，当事件发生时，会将一个 Event 对象直接传入事件处理程序中。可以通过事件处理函数的参数获取 Event 对象。

在事件处理程序中，经常需要获取目标元素，以便对目标元素做相应的处理。在标准浏览器中，可通过 Event 对象的 target 属性来获取事件的目标元素。

【训练 3-7】获取单击按钮时产生的 Event 对象及目标元素，代码如下。代码清单为 code3-7.html。

```
<!DOCTYPE html>
<html>
```

```
<head>
    <meta charset = "utf-8">
    <title>获取 Event 对象</title>
</head>
<body>
    <button id = "btn">获取 Event 对象</button>
    <script>
        let btn = document.getElementById('btn');
        btn.addEventListener('click', function(event) {
            console.log(event);
            console.log(event.target);
        }, false);
    </script>
</body>
</html>
```

3. 阻止事件冒泡和默认行为

要阻止事件冒泡和默认行为，需通过 Event 对象的 stopProagation()和 preventDefault()方法来实现。

【训练 3-8】阻止 a 元素的单击事件冒泡及默认行为，代码如下。代码清单为 code3-8.html。

```
<!DOCTYPE html>
<html>
<head>
    <meta charset = "utf-8">
    <title>阻止事件冒泡及默认行为</title>
</head>
<body>
    <div id = "box">
        <p>box 元素</p>
        <a href = "https://www.ptpress.com.cn" id = "inner">a 元素</a>
    </div>
    <script>
        const $ = function(id) {
            return document.getElementById(id);
        };
        document.addEventListener('DOMContentLoaded', function() {
            $("inner").addEventListener('click', function(e) {
                window.alert("a 元素被触发了" + e.target.textContent);
                e.stopPropagation();
                e.preventDefault()    //若无该语句，将跳转到人民邮电出版社网站首页
            }, false);
            $("box").addEventListener('click', function(e) {
                window.alert("box 元素被触发了");
            }, false);
        }, false)
    </script>
</body>
</html>
```

3.3.9　事件类型

事件类型用来描述事件的类别，即事件的名称。Web 浏览器中可以发生很多事件，发生事件的类型决定了事件对象中会保存什么信息。DOM3 级事件在 DOM2 级事件的基础上重新定义了一些事件，但 DOM 规范并未涵盖浏览器支持的所有事件，很多浏览器可以根据用户需求或使用场景实现自定义事件。以下介绍常用的事件类型。

1. Event 事件

Event 事件是在 DOM 中出现的事件，接口类型是 Event。

（1）Event 接口。

Event 接口的构造函数是 Event()。Event 接口包含适用于所有事件的属性和方法。

（2）创建 Event 对象。

利用 Event()构造函数创建 Event 对象的语法格式如下。

```
event = new Event(typeArg, eventInit);
```

参数说明如下。

- typeArg 表示事件名称，用来命名事件。
- eventInit 是 EventInit 类型的字典，接收以下字段。

    bubbles 为可选字段，默认值为 false，表示事件是否支持冒泡。

    cancelable 为可选字段，默认值为 false，表示事件能否被取消。

    composed 为可选字段，默认值为 false，表示事件是否会在影子 DOM 根节点之外触发事件监听器。

（3）Event 事件。

Event 事件属于 Event 对象。常用的 Event 事件如表 3-9 所示。

表 3-9　常用的 Event 事件

事件	描述
abort	在媒体数据加载中止时触发
afterprint	当页面开始打印时，或者关闭打印对话框时触发
beforeprint	即将打印页面时触发
beforeunload	在文档即将被卸载之前触发
canplay	当浏览器可以开始播放媒体时触发
canplaythrough	当浏览器可以在不停止缓冲的情况下播放媒体时触发
change	当表单元素的内容、其中选择的内容或选中的状态发生改变时触发
error	当加载外部文件发生错误时触发
fullscreenchange	当元素以全屏模式显示时触发
fullscreenerror	当元素无法在全屏模式下显示时触发
input	当元素获得用户输入时触发
invalid	当元素无效时触发

续表

事件	描述
load	在对象已加载时触发
loadeddata	在媒体数据加载后触发
loadedmetadata	在加载元数据（如尺寸和持续时间）时触发
message	在通过事件源接收消息时触发
offline	当浏览器开始脱机工作时触发
online	当浏览器开始在线工作时触发
open	当打开与事件源的连接时触发
pause	当媒体被用户暂停或以编程方式暂停时触发
play	当媒体已启动或不再暂停时触发
playing	在媒体被暂停或停止以缓冲后播放时触发
progress	当浏览器正处于获得媒体数据的过程中时触发
ratechange	当媒体播放速度改变时触发
resize	当调整文档视图的大小时触发
reset	当重置表单时触发
scroll	当滚动元素的滚动条时触发
search	当用户在搜索文本框中输入内容时触发
seeked	当用户完成移动/跳到媒体中的新位置的操作时触发
seeking	当用户进行移动/跳到媒体中的新位置的操作时触发
select	当用户选择文本后触发（用于 input 和 textarea 元素）
show	当 menu 元素显示为上下文菜单时触发
stalled	当浏览器尝试获取媒体数据但数据不可用时触发
submit	在提交表单时触发
suspend	当浏览器有意不获取媒体数据时触发
timeupdate	当播放位置更改时触发
toggle	当用户打开或关闭 details 元素时触发
unload	当页面卸载后触发（用于 body 元素）
waiting	当媒体已暂停但预期会恢复时触发

2. UI 事件

在用户界面触发的事件属于 UI 事件，接口类型是 UIEvent。

（1）UIEvent 接口。

UIEvent 接口的构造函数是 UIEvent()。

UIEvent 接口的属性如表 3-10 所示。

表 3-10　UIEvent 接口的属性

属性	描述
detail	返回数字，表示单击了多少次
view	返回对发生事件的 window 对象的引用

（2）创建 UIEvent 对象。

利用 UIEvent()构造函数创建 UIEvent 对象的语法格式如下。

```
event = new UIEvent(typeArg [, UIEventInit])
```

参数说明如下。

- typeArg 表示事件名称。
- UIEventInit 是 UIEventInit 集合，有以下属性。

    detail 为可选属性，默认值为 0，用来标记事件的关联值。

    view 为可选属性，默认值为 null，用来关联 window 与 event。

（3）UI 事件。

UI 事件属于 UIEvent 对象。常用的 UI 事件如表 3-11 所示。

表 3-11　常用的 UI 事件

事件	描述
abort	当媒体加载中止时触发
beforeunload	在文档即将被卸载之前触发
error	当加载外部文件发生错误时触发
load	在对象已加载时触发
resize	在调整文档视图的大小时触发
scroll	在滚动元素的滚动条时触发
select	在用户选择文本后触发（用于 input 和 textarea 元素）
unload	在页面卸载后触发（用于 body）

【训练 3-9】测试 load 事件与 DOMContentLoaded 事件的加载顺序，代码如下。代码清单为 code3-9.html。

```
<!DOCTYPE html>
<html>
<head>
    <meta charset = "utf-8">
    <title></title>
</head>
<body>
    <div>
        <h2>事件加载顺序</h2>
        <div class = "contents"></div>
    </div>
    <script>
        const log = document.querySelector('.contents');
        const reload = document.querySelector('#reload');
        window.addEventListener('load', (event) => {
            log.textContent = log.textContent + 'load';
        });
        document.addEventListener('DOMContentLoaded', (event) => {
            log.textContent = log.textContent + `DOMContentLoaded"<br>"`;
        });
```

```
        //DOMContentLoaded->load
    </script>
</body>
</html>
```

说明：load 事件在网页中所有资源加载完成时触发；DOMContentloaded 事件在 DOM 加载完成时触发，属于 HTML5 事件。

3．鼠标事件

鼠标事件指用户与鼠标设备交互时发生的事件，接口类型是 MouseEvent。

（1）MouseEvent 接口。

MouseEvent 接口的构造函数是 MouseEvent()。

MouseEvent 接口的属性和方法如表 3-12 所示。

表 3-12　MouseEvent 接口的属性和方法

属性和方法	描述
altKey	返回触发鼠标事件时是否按了 Alt 键
button	返回触发鼠标事件时按的鼠标按键
buttons	返回触发鼠标事件时按的鼠标按键
clientX	返回触发鼠标事件时，鼠标指针相对于当前窗口的水平坐标
clientY	返回触发鼠标事件时，鼠标指针相对于当前窗口的垂直坐标
ctrlKey	返回触发鼠标事件时是否按了 Ctrl 键
getModifierState()	如果指定的键被激活，则返回 true
metaKey	返回触发鼠标事件时是否按了 Meta 键
movementX	返回相对于上一位置的鼠标指针的水平坐标
movementY	返回相对于上一位置的鼠标指针的垂直坐标
offsetX	返回鼠标指针相对于目标元素边缘的水平坐标
offsetY	返回鼠标指针相对于目标元素边缘的垂直坐标
pageX	返回触发鼠标事件时，鼠标指针相对于文档的水平坐标
pageY	返回触发鼠标事件时，鼠标指针相对于文档的垂直坐标
region	返回被单击事件影响的单击区域的 id
relatedTarget	返回与触发鼠标事件的元素相关的元素
screenX	返回触发鼠标事件时，鼠标指针相对于屏幕的水平坐标
screenY	返回触发鼠标事件时，鼠标指针相对于屏幕的垂直坐标
shiftKey	返回触发鼠标事件时是否按了 Shift 键
which	返回触发鼠标事件时按的鼠标按键

（2）创建 MouseEvent 对象。

利用 MouseEvent() 构造函数创建 MouseEvent 对象的语法格式如下。

```
event = new MouseEvent(typeArg, mouseEventInit);
```

参数说明如下。

- typeArg 表示事件名称。
- mouseEventInit 是初始化 MouseEvent 的字典，有下列属性字段。

screenX 为可选字段，默认值为 0，用于设置鼠标指针相对于屏幕的水平坐标。

screenY 为可选字段，默认值为 0，用于设置鼠标指针相对于屏幕的垂直坐标。

clientX 为可选字段，默认值为 0，用于设置鼠标指针相对于客户端窗口的水平坐标。

clientY 为可选字段，默认值为 0，用于设置鼠标指针相对于客户端窗口的垂直坐标。

ctrlKey 为可选字段，默认值为 false，表示是否按了 Ctrl 键。

shiftKey 为可选字段，默认值为 false，表示是否按了 Shift 键。

altKey 为可选字段，默认值为 false，表示是否按了 Alt 键。

metaKey 为可选字段，默认值为 false，表示是否按了 Meta 键。

button 为可选字段，默认值为 0，用于描述哪个按键（0 表示左键，1 表示中键，2 表示右键）被按了或释放。

buttons 为可选字段，默认值为 0，用于描述哪些按键被按了（0 表示无，1 表示主键，2 表示次键，4 表示辅键）。

relatedTarget 为可选字段，默认值为 null。

region 为可选字段，默认值为 null，表示单击事件影响的区域 DOM 的 id。

（3）鼠标事件。

鼠标事件属于 MouseEvent 对象。常用的鼠标事件如表 3-13 所示。

表 3-13 常用的鼠标事件

事件	描述
click	当用户单击元素时触发
contextmenu	当用户右击某个元素以打开上下文菜单时触发
dblclick	当用户双击元素时触发
mousedown	当用户在元素上按鼠标按键时触发
mouseenter	当鼠标指针移动到元素上时触发
mouseleave	当鼠标指针从元素上移出时触发
mousemove	当鼠标指针在元素上移动时触发
mouseout	当用户将鼠标指针移出元素或其中的子元素时触发
mouseover	当鼠标指针移动到元素或其中的子元素上时触发
mouseup	当用户在元素上释放鼠标按键时触发

【训练 3-10】设计鼠标指针的跟随效果，代码如下。代码清单为 code3-10.html。

```
<!DOCTYPE html>
<html>
<head>
    <meta charset = "utf-8">
    <title>设计鼠标指针的跟随效果</title>
    <style>
        * {margin: 0; padding: 0;}
```

```
            #canvas {position: absolute;}
        </style>
</head>
<body>
        <canvas width = "40" height = "40" id = "canvas"></canvas>
        <script>
            const canvas = document.getElementById('canvas');
            const ctx = canvas.getContext('2d');
            ctx.fillStyle = 'green';
            ctx.arc(20, 20, 20, 0, 2 * Math.PI, false);
            ctx.fill();
//获取#canvas画布
            let ball = document.querySelector("#canvas");
            let x, y;
//添加事件监听函数
            document.addEventListener("mousemove", (e) => {
                console.log(ball);
                x = e.clientX;
                y = e.clientY;
                ball.style.cssText = `left:${x-20}px;top:${y-20}px`;
            }, false)
        </script>
</body>
</html>
```

4．键盘事件

键盘事件描述了用户与键盘的交互，接口类型是 KeyboardEvent。

（1）KeyboardEvent 接口。

KeyboardEvent 接口的构造函数是 KeyboardEvent()。

KcyboardEvcnt 接口定义了用于识别产生键盘事件的按键的常量 DOM_KEY_LOCATION_ STANDARD（0x00）、DOM_KEY_LOCATION_LEFT（0x00）、DOM_KEY_LOCATION_RIGHT （0x00）、DOM_KEY_LOCATION_NUMPAD（0x00）。

KeyboardEvent 接口的属性和方法如表 3-14 所示。

表 3-14　KeyboardEvent 接口的属性和方法

属性和方法	描述
altKey	返回触发事件时是否按了 Alt 键
code	返回触发键盘的物理键的键码名称
ctrlKey	返回触发鼠标事件时是否按了 Ctrl 键
getModifierState()	如果指定的键被激活，则返回 true
isComposing	返回事件的状态是否为正在构成
key	返回所按下的物理按键的值
location	返回键盘或设备上按键的位置
metaKey	返回触发键盘事件时是否按了 Meta 键（Windows 键或 Command 键）
repeat	返回是否重复按某个键
shiftKey	返回触发键盘事件时是否按了 Shift 键

（2）创建 KeyboardEvent 对象。

利用 KeyboardEvent()构造函数创建 KeyboardEvent 对象的语法格式如下。

```
event = new KeyboardEvent(typeArg [, KeyboardEventInit])
```

参数说明如下。

- typeArg 表示事件名称。
- KeyboardEventInit 是 KeyboardEventInit 集合，有以下属性。

  detail 为可选属性，默认值为 0，用来标记事件的关联值。

  view 为可选属性，默认值为 null，用来关联 window 与 event。

（3）键盘事件。

键盘事件属于 KeyboardEvent 对象。常用的键盘事件如表 3-15 所示。

表 3-15　常用的键盘事件

事件	描述
keydown	当用户正在按键时触发
keypress	当用户按了某个键时触发
keyup	当用户松开键时触发

5.拖放事件

拖放事件是通过指针设备（例如鼠标）将鼠标指针拖动到新位置产生的事件，接口类型是 DragEvent。

（1）DragEvent 接口。

DragEvent 接口的构造函数是 DragEvent ()。

DragEvent 接口的属性如表 3-16 所示。

表 3-16　DragEvent 接口的属性

属性	描述
altKey	返回拖放事件被触发时，是否按了 Alt 键
changedTouches	返回在上一次拖放和这次拖放之间状态发生变化的所有拖放对象的列表
ctrlKey	返回拖放事件被触发时，是否按了 Ctrl 键
metaKey	返回拖放事件被触发时，是否按了 Meta 键
shiftKey	返回拖放事件被触发时，是否按了 Shift 键
targetTouches	返回包含与触摸面接触的所有触摸点的 Touch 对象的 TouchList 列表
touches	返回当前与触摸面接触的所有 Touch 对象的列表

（2）创建 DragEvent 对象。

利用 DragEvent ()构造函数创建 DragEvent 对象的语法格式如下。

```
event = new DragEvent(type, DragEventInit);
```

参数说明如下。

- type 表示事件名称。

- DragEventInit 为可选参数，是一个 DragEventInit 字典，有以下字段。

  datattransfer 为可选字段，默认值为 null，类型为 datattransfer。

（3）拖放事件。

拖放事件属于 DragEvent 对象。常用的拖放事件如表 3-17 所示。

表 3-17　常用的拖放事件

事件	描述
drag	当拖动元素时触发
dragend	当用户完成拖动元素后触发
dragenter	当拖动的元素进入放置目标时触发
dragleave	当拖动的元素离开放置目标时触发
dragover	当拖动的元素位于放置目标上时触发
dragstart	当用户开始拖动元素时触发
drop	当将拖动的元素放置在放置目标上时触发

（4）DataTransfer 对象。

DataTransfer 对象用于保存拖动并放下过程中的数据。它可以保存一项或多项数据，这些数据的类型可以是一种或者多种。该对象的构造函数为 DataTransfer()，用于生成并且返回一个新的 DataTransfer 对象。该对象的常用属性和方法如表 3-18 所示。

表 3-18　DataTransfer 对象的常用属性和方法

属性和方法	描述
dropEffect	获取当前选定的拖放操作类型或者设置一个新的类型，该属性值必须为 none、copy、link 或 move
effectAllowed	设置可用的操作类型，该属性值必须是 none、copy、copyLink、copyMove、link、linkMove、move、all or uninitialized 之一
files	包含数据传输中可用的所有本地文件的列表。如果拖动操作不涉及文件，则此属性值为空列表
items	一个包含所有拖动数据列表的 DataTransferItemList 对象
clearData()	删除与给定类型相关的数据，类型参数是可选的
getData(format)	检索给定类型的数据，如果该类型的数据不存在，则返回空字符串
setData(format, data)	设置给定类型的数据。如果该类型的数据不存在，则将其添加到列表末尾，以便类型列表中的最后一项是新类型的数据；如果该类型的数据已经存在，则在相同位置将其替换为现有数据
setDragImage()	用于设置自定义的拖动图像

【训练 3-11】实现在两个盒子之间来回拖动文字元素，代码如下。代码清单为 Code3-11.html。

```html
<!DOCTYPE html>
<html lang = "zh">
<head>
    <meta charset = "UTF-8">
    <title></title>
```

```
        <style>
            .droptarget {
                float: left;width: 100px;height: 35px;margin: 15px;
                padding: 10px;border: 1px solid #aaaaaa;
            }
        </style>
    </head>
    <body>
        <p>可以来回拖动 p 元素: <span id = "demo"></span></p> <hr>
        <div class = "droptarget">
            <p draggable = "true" id = "dragtarget">拖动我! </p>
        </div>
        <div class = "droptarget"></div>
        <script>
            //封装函数
            const $$ = (sel, ele) => document.querySelectorAll(sel),
                $ = (sel, ele) => document.querySelector(sel),
                on = function(ele, type, handler, capture = false) {
                    return ele.addEventListener(type, handler, capture);
                };
            //加载事件
            on($$(".droptarget")[0], "drop", drop);
            on($$(".droptarget")[1], "drop", drop);
            on($$(".droptarget")[0], "dragover", allowDrop);
            on($$(".droptarget")[1], "dragover", allowDrop);
            on($("#dragtarget"), "dragstart", dragStart);
            on($("#dragtarget"), "drag", drag);
            //编写事件监听函数
            function dragStart(event) {
                event.dataTransfer.setData("Text", event.target.id);
            }
            function dragging(event) {
                $("#demo").innerHTML = "p 正在被拖动";
            }
            function allowDrop(event) {
                event.preventDefault();
            }
            function drop(event) {
                event.preventDefault();
                var data = event.dataTransfer.getData("Text");
                event.target.appendChild($("#" + data));
                $("#demo").innerHTML = "p 已被放下了";
            }
        </script>
    </body>
</html>
```

6. 客户事件

客户事件是由程序创建的，可以有自定义功能，接口类型是 CustomEvent。

（1）CustomEvent 接口。

CustomEvent 接口的构造函数是 CustomEvent ()。

CustomEvent 接口的属性如表 3-19 所示。

表 3-19　CustomEvent 接口的属性

属性	描述
detail	只读属性，表示初始化时传入的数据

（2）创建 CustomEvent 对象。

利用 CustomEvent ()构造函数创建 CustomEvent 对象的语法格式如下。

```
event = new CustomEvent(typeArg, customEventInit);
```

参数说明如下。

- typeArg 表示事件名称。

- customEventInit 为可选参数，是一个字典，有如下字段。

  detail 是可选字段，默认值是 null，是一个与事件相关的值。

  Bubbles 是布尔值，表示事件能否冒泡，默认为不冒泡。

  Cancelable 是布尔值，表示事件是否可以取消。

（3）客户事件。

客户事件属于 CustomEvent 对象，由用户自行定义。

7．其他事件

DOM 规范并未涵盖浏览器支持的所有事件，很多浏览器根据特定用户需求或使用场景实现了自定义事件。常见其他事件如表 3-20 所示。

表 3-20　常见其他事件

事件	描述
AnimationEvent	针对 CSS 动画
ClipboardEvent	针对剪贴板的修改
HashChangeEvent	针对 URL 锚点部分的更改
InputEvent	针对用户输入
PageTransitionEvent	针对导航进入网页或离开网页
PopStateEvent	针对历史记录条目的更改
ProgressEvent	针对加载外部资源的进度
StorageEvent	针对窗口中存储区域的更改
TouchEvent	针对触摸交互
TransitionEvent	针对 CSS 过渡
WheelEvent	针对鼠标滚轮交互
FocusEvent	针对与焦点有关的事件

3.3.10　事件模拟

DOM2 级事件规范和 DOM3 级事件规范都提供了模拟方法，可以模拟所有原生 DOM 事件。DOM3 事件规范还增加了自定义事件类型 CustomEvent。

1. 模拟事件

不论是模拟事件还是自定义事件，都需要先利用"new"创建事件对象实例，然后监听用户定义的事件，最后利用 EventTarget.dispatchEvent()方法触发用户事件对象实例。模拟事件的主要应用场景就是通过脚本代码触发事件。

【训练 3-12】模拟单击事件，代码如下。代码清单为 code3-12.html。

```html
<!DOCTYPE html>
<html>
<head>
    <meta charset = "utf-8">
    <title>模拟单击事件</title>
</head>
<body>
    <p>请等待 2 秒，自动单击</p>
    <button id = "btn">模拟单击改变颜色</button>
    <script>
        let btn = document.getElementById("btn");
        let mouseEventInit = { //初始化 MouseEvent 字典字段，这是一个可选参数
            "bubbles": true,
            "cancelable": false,
            "screenX": 0,
            "screenY": 0,
            "clientX": 200,
            "clientY": 0,
            "ctrlKey": false,
            "shiftKey": false,
            "altKey": false,
            "metaKey": false,
            "button": 0,
            "buttons": 0,
            "relatedTarget": null,
            "region": null
        }
        //创建 MouseEvent 类型的 click 事件
        let clkEvent = new MouseEvent('click', mouseEventInit);
        //监听 click 事件
        btn.addEventListener('click', e => {
            e.target.style.background = "red";
            console.log(e.clientX);
        })
        window.setTimeout(function() {
            btn.dispatchEvent(clkEvent);
        }, 2000);
    </script>
</body>
</html>
```

2. 自定义事件

自定义事件可以通过 Event 事件的构造函数 Event()或客户事件的构造函数 CustomEvent()

进行创建，不会触发原生 DOM 事件。自定义事件的处理流程一般是先创建自定义事件，然后监听自定义事件，最后利用 EventTarget.dispatchEvent()方法触发事件。

【训练 3-13】自定义 look 事件，代码如下。代码清单为 code3-13.html。

```
<!DOCTYPE html>
<html>
<head>
    <meta charset = "utf-8">
    <title>自定义事件</title>
</head>
<body>
    <div id = "mydiv">DOM3 级事件规范提供的自定义事件，等 2 秒即可触发</div>
    <script>
        //获取元素
        let myDiv = document.getElementById("mydiv");
        //创建一个支持冒泡且不能被取消的 look 事件
        var ev = new Event("look", {
            "bubbles": true,
            "cancelable": false,
            "composed": false
        });
        //在 body 上监听 look 事件
        document.body.addEventListener('look', function(e) {
            console.log(e.target, this);
            this.style.background = "#888";
        }, false)
        //在触发元素 myDiv 上监听 look 事件
        myDiv.addEventListener("look", (e) => {
            e.target.style.background = "red";
        }, false);
        //向 myDiv 事件目标，派发 个 ev 事件
        window.setTimeout(function() {
            myDiv.dispatchEvent(ev);
        }, 2000);
    </script>
</body>
</html>
```

3.3.11 事件委托

事件委托就是把绑定在子元素上的事件委托给它的父元素，让父元素来监听子元素的冒泡事件，并在子元素发生事件冒泡时找到这个子元素。事件委托是用于提升事件处理性能的一种方法和手段。

【训练 3-14】演示事件冒泡过程，代码如下。代码清单为 code3-14.html

```
<!DOCTYPE html>
<html>
<head>
    <meta charset = "utf-8">
    <title>事件冒泡过程</title>
</head>
```

```
<body>
    <div class = "outer">
        <div class = "inner">
            <button disabled = "disabled" class = "btn">2 秒触发</button>
        </div>
    </div>
    <div class = "result"></div>
    <script>
        //封装代码
        const $ = (sel, ele = document) => ele.querySelector(sel),
            on = function(ele, type, handler, capture = false) {
                return ele.addEventListener(type, handler, capture);
            },
            off = function(ele, type, handler, capture = false) {
                ele.removeEventListener(type, handler, capture);
            };
        //事件处理函数
        function handler(e) {
            let currentTarget = e.currentTarget,
                target = e.target;
            $(".result").innerHTML += `currentTarget.className=
        ${currentTarget.tagName }.${currentTarget.className},${target.
nodeName}<hr>`;
        }
        //注册事件监听器
        on($(".btn"), "click", handler);
        on($(".inner"), "click", handler);
        on($(".outer"), "click", handler);
        on($("body"), "click", handler);
        //创建一个模拟单击的事件
        let myclick = new MouseEvent('click', {
            "bubbles": true, //可以冒泡
            "cancelable": false
        });
        //触发.btn
        window.setTimeout(function() {
            $(".btn").dispatchEvent(myclick);
        }, 2000)
    </script>
</body>
</html>
```

上述代码的运行结果如下。

```
currentTarget.className= DIV.inner,BUTTON
currentTarget.className= DIV.outer,BUTTON
currentTarget.className= BODY.,BUTTON
```

【训练 3-15】将单击事件监听器设置在父元素 ul 上，这样事件就会从列表项冒泡到其父元素 ul 上，代码如下。代码清单为 code3-15.html。

```
<!DOCTYPE html>
<html>
<head>
    <meta charset="utf-8">
```

```
    <title></title>
</head>
<body>
    <ul id = "parent-list">
        <li id="post-1">Item 1</li>
        <li id="post-2">Item 2</li>
        <li id="post-3">Item 3</li>
        <li id="post-4">Item 4</li>
    </ul>
    <script>
        //获取元素，添加事件监听器
        document.getElementById("parent-list").addEventListener("click",
            function(e) {
            //如果被单击元素 e.target 在列表中
            if (e.target && e.target.nodeName == "LI") {
                //提取 id 属性值中数字信息作为判断被单击的是哪一个元素
                console.log("List item ", e.target.id.replace("post-", ""),
" was clicked!");
                }
            });
    </script>
</body>
</html>
```

3.4 任务实现

导航要通过编写 HTML 文件、CSS 文件、JavaScript 脚本文件来实现。导航效果如图 3-12
所示。

图 3-12 导航效果

3.4.1 编写 HTML 文件

1. 创建站点

新建项目文件夹 chapter3，在该文件夹中新建 css 和 js 文件夹，分别用于
放置 CSS 样式表文件和 JavaScript 脚本文件。

2. 编写 index.html 文件

在项目文件夹中新建 index.html 文件，依据 HTML5 规范编写该文件，设
置网页标题为"设计网站的二级导航效果"。代码如下。

V3-1 编写
HTML 文件

```
<!DOCTYPE html>
<html>
<head>
    <meta charset = "utf-8" />
    <title>设计网站的二级导航效果</title>
    <link rel = "stylesheet" href = "./css/nav.css">
</head>
<body>
    <nav>
        <ul id = "content">
            <li><a href = "index.html">我的首页</a></li>
            <li><a href = "#">我的提醒</a>
                <ul>
                    <li><a href = "#" target = "_blank">日志</a></li>
                    <li><a href = "#" target = "_blank">收藏</a></li>
                    <li><a href = "#" target = "_blank">酷站</a></li>
                </ul>
            </li>
            <li><a href = "#" target = "_blank">我的相册</a>
                <ul>
                    <li><a href = "#" target = "_blank">家庭</a></li>
                    <li><a href = "#" target = "_blank">朋友</a></li>
                    <li><a href = "#" target = "_blank">风光</a></li>
                </ul>
            </li>
            <li><a href = "#" target = "_blank">我的圈子</a></li>
            <li><a href = "#" target = "_blank">我的财富</a></li>
            <li><a href = "#" target = "_blank">联系我们</a></li>
        </ul>
    </nav>
    <script src = "./js/nav.js"></script>

</body>
</html>
```

3.4.2 编写 CSS 文件

在 css 文件夹中，创建并编写 nav.css 样式表文件。代码如下。

V3-2 编写 CSS
文件

```
ul,li {
    list-style: none;
    margin: 0;
    padding: 0;
}
a {
    color: #ff0;
    text-decoration: none;
}
nav {
```

```
        display:block;
        background: #089;
    }
    nav>ul{
        width: 600px;
        margin: 0 auto;
        display: flex;
        flex-flow: row nowrap;
        justify-content: start;
        align-items: center;
    }
    nav>ul ul {
        position: absolute;
        display: none;
        width: 80px;
        text-align: center;
        background: #089;
    }
    nav>ul li>a {
        display:inline-block;
        width: 80px;
        height: 40px;
        line-height: 40px;
        text-align: center;
    }
    nav>ul li>a:hover {
        color: #fff;
        background: coral;
    }
```

3.4.3　编写 JavaScript 脚本文件

在 js 文件夹中，新建 nav.js 文件，在该文件编写代码，实现网站二级导航的交互功能。代码如下。

V3-3 编写
JavaScript
脚本文件

```
;(function() {
    //获取 li 元素
    const $ = function(sel, ele = document) {
        return ele.querySelectorAll(sel);
    }
    let li = $("nav>ul>li");
    //为 li 元素添加 mouseover、mouseout 事件
    li.forEach(function(item) {
        var n = $('ul', item);
        if (n.length !== 0) {
            item.addEventListener('mouseover', () => {
                n[0].style.cssText = "display:block";
            }, false);
            item.addEventListener('mouseout', () => {
                n[0].style.cssText = "display:none";
            }, false);
        }
```

```
        })
    }())
```

3.5 任务拓展——设计网页选项卡效果

3.5.1 任务描述

选项卡组件在 Web 页面中很常用，单击选项卡标签，就可以切换到对应的选项卡，例如新浪网的首页就使用了大量选项卡。

选项卡可节省版面空间，特别适合内容较多、分类较多的网页。选项卡一般由选项卡标签和选项卡内容两部分组成，其实现原理是在选项卡标签上绑定鼠标事件，当事件发生时，取消原来高亮的元素，获取目标对象并为其添加高亮样式，然后根据目标对象切换到对应的内容盒子，为内容盒子添加样式和内容。

3.5.2 任务要求

利用本单元所学的关键知识和技术，根据选项卡实现原理，编写网页的 HTML 文件、CSS文件和 JavaScript 脚本文件，完成网页选项卡效果的设计。参考效果如图 3-13 和图 3-14 所示。

图 3-13　"图片"选项卡效果

图 3-14　"专栏"选项卡效果

3.6 课后训练

在浏览网页时，经常能看到页面右上角或左上角有"汉堡菜单"，它们的图标通常由三横"堆积"在一起组成，形状类似于汉堡。作为目前网站和 App 中最具功能性、最令人难忘的组件之一，汉堡菜单最近几年可谓出尽风头。它由设计师 Norm Cox（诺姆·考克斯）创造。

汉堡菜单又称为侧边栏菜单或抽屉菜单，是一个控制容器，至少包含两个项目，并且通过单击按钮来触发。导航的设计趋势正在慢慢改变，从视觉主导逐步转变为最佳实践。汉堡菜单效果如图 3-15 所示。

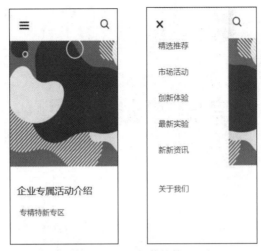

图 3-15　汉堡菜单效果

利用本单元所学知识和技术，编写网页的 HTML 文件、CSS 文件和 JavaScript 脚本文件，完成一个汉堡菜单的导航效果设计。

【归纳总结】

本单元主要介绍了利用 JavaScript 脚本处理 CSS 行内样式、类样式及样式表的方法，重点阐述了 DOM 事件、事件监听、事件传播、事件对象、事件类型、事件模拟和事件委托等知识和技术，并完成了网站的二级导航效果设计。通过对本单元的学习，学生可以积累 Web 开发经验，提升 JavaScript 编程能力。本单元内容的归纳总结如图 3-16 所示。

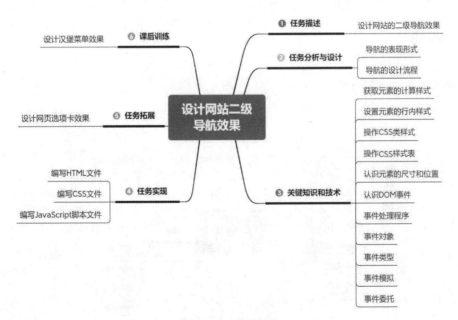

图 3-16　归纳总结

单元4
设计公告栏信息滚动效果

04

【单元目标】

1. 知识目标
- 了解 JavaScript 函数的基本概念；
- 掌握函数声明和函数调用的方法；
- 掌握浏览器对象的使用方法。

2. 技能目标
- 通过编写 HTML 文件、CSS 文件和 JavaScript 脚本文件，能够完成公告栏信息滚动效果设计。

3. 素养目标
- 弘扬劳模精神，勤学苦练、深入钻研，勇于创新、敢为人先，自觉把人生理想融入党和人民事业之中。

【核心内容】

本单元的核心内容如图 4-1 所示。

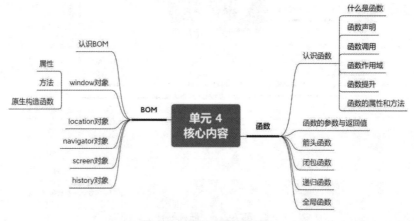

图 4-1　单元 4 核心内容

4.1 任务描述

网页公告栏是一种富有创意的网页栏目，具有生动的视觉形象、深刻的传播效果、强烈的视觉冲击力。它还具有主动传播及干扰度小的媒体特点。

在 Web 开发项目中，有时需要在网页中放一个公告栏。公告栏中的文字或图片可实现不间断无缝滚动效果。

本单元的主要任务是利用 JavaScript 脚本制作一个具有连续无缝滚动效果的公告栏。

4.2 任务分析与设计

网页公告栏中会显示预设的公告内容，有水平滚动式，也有垂直滚动式。

网页公告栏主要用来展示一些重要的通知，公告栏所占的面积不大，但传达的信息非常重要。管理者及时有效地发布最新消息或通知，能让用户直观地了解到最新动态。公告栏常被放置在首页，所以应美观、大方、醒目。要想实现网页公告栏效果，首先需要明确连续滚动原理，然后根据设计流程，利用 JavaScript 函数和浏览器对象等关键知识和技术进行设计。

4.2.1 滚动原理

滚动效果主要利用 JavaScript 控制包含滚动对象的容器来实现，配合 CSS 中的"overflow:hidden"可以实现隐藏滚动条的效果。具体来说，在 CSS 中，当对象内部的内容超出对象本身的宽度或高度时，可以用 overflow 来控制是否允许滚动或自动适应。

4.2.2 设计流程

滚动效果容器内要包含一个滚动对象容器，其中滚动对象容器的尺寸要大于滚动效果容器的尺寸，这样滚动条才能起作用。改变滚动效果容器的 scrollLeft 实现滚动效果。为了实现无缝衔接的滚动效果，需要复制公告栏信息对象，并将其追加到信息公告栏后面，当公告栏信息对象滚动完，回到原来的位置后，还将继续滚动公告栏信息对象。这样看起来就像公告栏信息在不断滚动，即无缝滚动。

4.3 关键知识和技术——函数和 BOM

设计滚动效果用到的关键知识和技术主要是函数和浏览器对象模型（BOM）中提供的对象及其方法。

4.3.1　认识函数

函数是 JavaScript 中重要的内容。使用函数可以避免相同代码的重复编写，将程序中的代码模块化，从而增强程序的可读性，提高开发者的开发效率，有利于后期的维护。

1.　什么是函数

函数是一段完成特定功能的、可以通过其名称被调用的代码。函数可以传递参数并返回值。

在设计程序时，需要根据要完成的功能，将程序划分为一些相对独立的部分，为每部分编写一个函数。这样可以使程序各部分相对独立，并完成单一的任务，使整个程序结构清晰，可达到易读、易懂和易维护的目标。

JavaScript 中的每个函数都是作为一个对象进行维护和运行的。根据函数对象的性质，可以很方便地将一个函数赋给一个变量或将函数作为参数进行传递。

JavaScript 提供了丰富的函数，可以供程序设计者直接使用，这些函数称为标准函数或系统函数。除此之外，程序设计人员还可以根据具体的要求自己设计函数，即自定义函数。自定义函数需要在声明后才能使用。

2.　函数声明

函数声明就是为函数命名，并确定函数的功能。函数声明主要有以下几种方法。

（1）使用 function 语句声明函数。

使用 function 语句声明函数是基本的方法，语法格式如下。

```
function 函数名([参数1 [, ... 参数n]]){
    [函数体]
    [return [返回值]];
}
```

说明："[]"表示可选项，"..."表示可以有多个参数。

函数名是一个有效的 JavaScript 标识符，建议使用 camelCase 命名形式。参数名是一个有效的 JavaScript 标识符，参数名之间用逗号分隔。函数体由多条 JavaScript 语句组成。

返回值是函数的处理结果。通常，在函数体的末尾使用 return 语句可将返回值返回给函数调用方。注意，return 语句后面的代码不会被执行。如果省略 return 语句，函数默认返回 undefined。

【训练 4-1】使用 function 语句声明一个能返回两个参数之和的函数，代码如下。代码清单为 code4-1.html。

```
function adder(x,y){
  return x + y;
}
```

（2）通过 Function()构造函数声明函数。

JavaScript 函数还可以通过 Function 对象的构造函数来声明。在 Function()构造函数中，可以将参数和函数体作为字符串来声明，语法格式如下。

```
new Function([参数1[,...,参数n,]]函数体)
```

【训练 4-2】使用 Function()构造函数声明一个能返回两个参数之和的函数，代码如下。代码清单为 code4-2.html

```
const adder = new Function("x", "y", "return x + y;");
```

还可以写为以下形式。

```
const adder = Function("x","y","return x + y");
```

还可以将形参作为一个参数来写，代码如下。

```
const adder = Function("x,y","return x + y")
```

（3）使用函数字面量声明函数。

在 JavaScript 中，函数也是一种数据类型和字面量，可以将函数字面量赋给变量，还可以将其作为参数传递给某个函数或者作为返回值返回函数。

【训练 4-3】使用函数字面量声明一个能返回两个参数之和的函数，代码如下。代码清单为 code4-3.html。

```
const adder = function(x,y){
    return x+y;
}
```

说明：在声明时，函数字面量是没有名字的匿名函数。

（4）立即执行函数。

无论是使用 Function()构造函数还是使用函数字面量声明函数，实际上都创建了一个函数对象，并将其赋给一个变量。对于一些在创建时执行一次就不再需要的函数，可以使用如下方式声明。

```
(function(){
    函数体
})();
```

3. 函数调用

在 JavaScript 中，函数是对象，可以被传递和赋值。要根据函数的定义方法来选择调用方式，具体包括以下几种方式。

（1）函数名调用方式。

采用函数声明或函数表达式的方式定义的函数，可直接通过函数名后面添加圆括号的方式调用，然后 JavaScript 将执行函数体，最后返回结果。

（2）方法调用方式。

方法调用方式是先定义一个对象 obj，然后在对象内部定义值为函数的属性 property，使用 obj.property()来进行函数的调用。函数还可以通过方括号来调用，即"对象名['函数名']()"。

如果在某个方法中返回的是函数对象本身 this，那么可以利用链式调用原理进行连续的函数调用。

【训练 4-4】使用对象的方法完成函数调用，代码如下。代码清单为 code4-4.html。

```
var myObj = {
    value:0,
    increment:function(n){
        this.value += typeof n === 'number'?n:1;
    }
```

```
    }
myObj.increment();
console.log(myObj.value);                    //1
myObj.increment(10);
console.log(myObj.value);                    //11
```

（3）构造函数调用方式。

构造函数调用方式是先定义一个函数，在函数中定义实例属性，在原型上定义函数，然后通过"new"生成函数的实例，最后通过实例调用原型上定义的函数。

ECMAScript 2015 增加一个检测函数调用类型的属性 new.target，如果函数是使用 new 关键字调用的，则 new.target 将引用被调用的构造函数。

【训练 4-5】检测函数调用方式，代码如下。代码清单为 code4-5.html。

```
function King() {
    if (!new.target) {
        throw ('King 要使用 new 调用');
    }
    console.log('King 正确使用了 new 调用');
}
new King();          //King 正确使用了 new 调用
King();              //Uncaught King 要使用 new 调用
```

（4）动态方法调用方式。

在 JavaScript 中，动态方法调用主要通过 3 个函数来实现，分别是 call()函数、apply()函数和 bind()函数。这 3 个函数都会改变函数调用的执行主体，修改 this 的指向。

apply()函数和 call()函数在执行后会立即调用前面的函数；而 bind()函数不会立即调用，它的返回值是原函数的副本，可以在任何时候进行调用。

call()函数和 bind()函数接收的参数相同，第一个参数表示将要改变的函数执行主体，即 this 的指向，第二个参数到最后一个参数是函数接收的参数。apply()函数的第一个参数也表示将要改变的函数执行主体，第二个参数是一个数组，表示接收的所有参数，如果第二个参数不是一个有效的数组或 arguments 对象，则会抛出 TypeError 异常。

【训练 4-6】利用 call()函数实现函数调用，代码如下。代码清单为 code4-6.html。

```
function Product(name, price) {
    this.name = name;
    this.price = price;
}
function Food(name, price) {
    Product.call(this, name, price);
    this.category = 'food';
}
console.log(new Food('cheese', 5).name);          //cheese
```

【训练 4-7】利用 apply()函数实现函数调用，代码如下。代码清单为 code4-7.html。

```
function Product(name, price) {
    this.name = name;
    this.price = price;
}
function Food(name, price) {
```

```
        Product.apply(this, [name,price]);
        this.category = 'food';
}
console.log(new Food('cheese', 5).name);              //cheese
```

【训练 4-8】利用 bind()函数创建绑定函数并进行调用，代码如下。代码清单为 code4-8.html。

```
this.x = 9; //在浏览器中，this 指向全局的 window 对象
var module = {
    x: 81,
    getX: function() {
        return this.x;
    }
};
console.log(module.getX());         //81
var retrieveX = module.getX;
console.log(retrieveX());           //9
//返回 9，因为函数是在全局作用域中调用的
//创建一个新函数，把 this 绑定到 module 对象上
//不要将全局变量 x 与 module 的属性 x 混淆
var boundGetX = retrieveX.bind(module);
console.log(boundGetX());           //81
```

4.函数作用域

在 JavaScript 中，通常会把函数声明在需要使用的地方。当调用函数时，JavaScript 会为函数创建词法环境，以便生成一个函数级的词法作用域。

在早期版本的 JavaScript 中，下面的语句是不可明确解释的。

```
let flag = false;
if (flag) {
    function foo() {
        console.log(1)
    }
} else {
    function bar() {
        console.log(2)
    }
}
```

在 ECMAScript 2015 之后，上述语句有了明确解释：对于语句内的函数声明，其名称将提升到语句之外的函数或全局作用域。

在函数内部无论使用哪一种关键字定义变量，在函数作用域外都无法访问函数内部的变量。

【训练 4-9】在函数外部不可访问函数内的局部变量，代码如下。代码清单为 code4-9.html

```
function func() {
    let n = 10;
    console.log(`func()函数内部的 n:=${n}`);
}
console.log(n);           //error:n is not defined
```

5.函数提升

函数提升是指在代码执行过程中将函数声明移动到当前作用域最顶层的行为。若函数声

明被提升到作用域的顶层，可以在函数声明之前调用函数。如果函数在被调用之前已经进行了声明，那么虽然提升行为不会发生，但程序仍会正常进行。当函数被调用时，函数体内部的语句就会被执行。

【训练 4-10】先调用一个函数，然后声明这个函数，代码如下。代码清单为 code4-10.html。

```
sayHi();                      //Hi!
function sayHi() {
     console.log("Hi!")
}
```

【训练 4-11】赋给变量的匿名函数并不能像普通函数一样被提升，代码如下。代码清单为 codde4-11.html。

```
sayHi();                      //Uncaught TypeError: sayHi is not a function
var sayHi = function () {
     console.log("Hi!")
 }
```

6. 函数的属性和方法

在 ECMAScript 中，每个函数实际上都是一个 Function 对象，因此都有属性和方法。函数的常用属性和方法如表 4-1 所示。

表 4-1　函数的常用属性和方法

属性和方法	参数说明	描述
prototype	无	指向一个对象的引用
constructor	无	构造函数
length	无	函数形参数量
name	无	返回函数实例的名称
apply(thisArg,[argsArray])	thisArg 为必选参数，是在函数运行时使用的 this 值。argsArray 为可选参数，是一个数组或者类数组对象	调用一个具有给定 this 值的函数，以及以一个数组（或类数组对象）的形式提供的参数
call(thisArg,arg1,arg2, ...)	hisArg 为必选参数，是在函数运行时使用的 this 值。arg1, arg2, ...是指定的参数列表	使用一个指定的 this 值和指定的一个或多个参数来调用一个函数
bind(thisArg[,arg1[, arg2[, ...]]])	thisArg 是调用绑定函数时作为 this 参数传递给目标函数的值。arg1, arg2, ...是当目标函数被调用时，被预置入绑定函数的参数列表中的参数	创建一个新的函数，在 bind()函数被调用时，新函数的 this 被指定为 bind()函数的第一个参数，而其余参数将作为新函数的参数，供调用时使用
toString()	无	返回字符串形式的函数代码
valueOf()	无	返回函数本身

【训练 4-12】利用函数的 call()方法，实现函数的调用，代码如下。代码清单为 code4-12.html。

```
function sum(x = 0,y = 0){
  return x + y;
```

```
}
function callSum(x,y){
    return sum.call(this,x,y);
}
console.log(callSum(10,12));      //22
```

4.3.2 函数的参数与返回值

函数可以通过参数接收外部数据，在声明函数时可以指定参数。在函数中可以使用 return 返回一个值，所有函数都可以有返回值。

在 ECMAScript 中，函数的参数分为形参（定义时声明的参数）和实参（调用时使用的参数）。函数既不关心传入的参数个数，也不关心参数的类型，主要原因是 ECMAScript 中函数的参数在内部表现为数组。

1. 参数默认值

函数的参数在函数调用时并不要求必须赋值，可以不传参数或者省略部分参数，未赋值的参数的默认值为 undefined。因为参数并不强制要求在调用函数时传递，所以在函数内部对参数进行检查和设置默认值是很有必要的，这样可以避免引起异常或产生错误结果。

【训练 4-13】在 ECMAScript 5.1 以前，在函数体中，利用逻辑表达式为参数设置默认值，代码如下。代码清单为 code4-13.html。

```
function add(x, y) {
    x = x || 0;
    y = y || 0;
    return x + y;
}
console.log(add(3));        //3
```

【训练 4-14】在 ECMAScript 2015 以后，在函数定义中给出参数的默认值即可，代码如下。代码清单为 code4-14.html。

```
function add(x = 0,y = 0){
    return x + y;
}
console.log(add(3));        //3
```

2. arguments 类数组对象

在使用 function 关键字定义函数时，可以在函数内部访问 arguments 类数组对象，从中获取传递的每个参数值。

传递的参数个数可以使用 arguments.length 属性获取，可以通过 arguments[i] 获取 i 个参数（$i \geq 0$）。argument.callee 属性值是一个指向 arguments 对象所在函数的指针。

【训练 4-15】利用 arguments 获取参数值，并完成累加运算，代码如下。代码清单为 code4-15.html。

```
function doAdd() {
    let rs = 0;
    if (arguments.length) {
        for (let i = 0; i < arguments.length; i++) {
            rs += arguments[i];
```

```
        }
    }
    return rs;
}
console.log(doAdd(1, 2, 3, 4, 5, 6, 7, 8, 9, 10));          //55
```

3．剩余参数

在函数的命名参数前添加 3 点（…）就表明这是一个剩余参数。将该参数表示为一个数组，其中包含自它之后传入的所有参数，通过数组名即可逐一访问里面的参数。每个函数只能声明一个剩余参数，而且它一定要放在末尾。剩余参数比 arguments 类数组对象更灵活。

【训练 4-16】利用剩余参数完成累加运算，代码如下。代码清单为 code4-16.html。

```
function sum(...args) {
    let total = 0;
    for (let i = 0, len = args.length; i < len; i++) {
        total += args[i];
    }
    return total;
}
console.log(sum(1, 2, 3));                      //6
```

说明：剩余参数不能用于对象字面量 setter 之中。

4．展开运算符

展开运算符既可以在调用函数时用于传递参数，也可以用于定义函数参数。利用展开运算符可以解构数组并将每一个元素作为函数的独立参数使用。

【训练 4-17】JavaScript 内置的 Math.max()方法可以接收多个参数并返回其中最大的值，代码如下。代码清单为 code4-17.html。

```
let values = [25, 55, 75, 100];
//ECMAScript 5 以前版本的解决方案
let result = Math.max.apply(Math, values);
//ECMAScript 2015 以后的解决方案
let rs = Math.max(...values);
console.log(result, "===", rs);                //100 '===' 100
```

5．参数解构

参数解构就是将一个对象或数组类型的参数，分解成为多个单独的参数的过程。

【训练 4-18】解构函数对象的参数，代码如下。代码清单为 code4-18.html。

```
function getSentence({subject, verb, object }) {
    return `${subject} ${verb} ${object}`;
}
const words = {
    subject: "I",
    verb: "love",
    object: "JavaScript."
}
console.log(getSentence(words));            //I love JavaScript.
```

【训练 4-19】解构函数数组的参数，代码如下。代码清单为 code4-19.html。

```
function getSentence([subject, verb, object]) {
    return `${subject} ${verb} ${object}`;
```

```
}
const words = ["I", "love", "JavaScript."];
console.log(getSentence(words));              //I love JavaScript.
```

说明：解构得到的参数与一般参数的不同点在于，它是必须要传值的参数，如果不传值，则会引发程序报错，可以为它指定默认值。

6. 函数的参数也是函数

函数和其他类型的数据一样，可以作为函数的参数或者返回值。将函数作为参数或返回值的函数称为高阶函数。

【训练 4-20】将函数作为参数进行传递，代码如下。代码清单为 code4-20.html。

```
function myMap(arr, fn) {
    let copy = [];
    for (let i = 0, len = arr.length; i < len; i++) {
            let original = arr[i];
            let modified = fn(original);
            copy[i] = modified;
    }
    return copy;
}
let array = [0, 1, 2, 3];
array = myMap(array, function addOne(value) {
    return value + 1;
});
console.log(array);         //[1, 2, 3, 4]
```

说明：函数也可以作为参数传递给另一个函数，这样的函数称为回调函数。

7. 函数返回值

函数返回值就是通过函数调用获得的数据。在函数内部，在需要的数据前面使用关键字 return 即可获取函数返回值。在函数中可以使用 return 语句，也可以不使用 return 语句，但 return 语句只能出现在函数中。

程序在执行函数的过程中，当遇到 return 语句时，将不执行该语句后面的语句，而是接着执行调用函数的语句。如果函数中没有 return 语句，那么 JavaScript 会隐式地在函数体末尾添加一条返回 undefined 的 return 语句。因此，可以说所有函数都有返回值。

要想在函数外部获取函数返回值，需要将调用的函数返回的值赋给一个变量。

返回值的数据类型是没有限制的，可以返回 JavaScript 支持的任何类型的数据。在函数中使用 return 语句时，只能返回一个值。如果想返回多个值，可以使用数组或对象等类型的数据来完成。

【训练 4-21】编写根据华氏温度计算摄氏温度的函数，代码如下。代码清单为 code4-21.html。

```
function convert(cTemp) {
    hTemp = (cTemp * 9) / 5 + 32;
    return hTemp;
}
console.log(convert(10));         //50
```

【训练 4-22】利用函数求已知数组中的最大值，代码如下。代码清单为 code4-22.html。

```
const price=[52.3,68.6,89,109,32,56];
function getMax(arr){
```

107

```
        let max = arr[0];
        for(let i = 1,len = arr.length;i < len;i++){
            if(arr[i] > max){
                max = arr[i];
            }
        }
        return max;
}
console.log(`数据中的最大值是: ${getMax(price)}`);    //数据中的最大值是: 109
```

4.3.3 箭头函数

从 ECMAScript 2015 开始，可以使用箭头的形式来声明函数。这样可以简化函数的声明，尤其是匿名函数的声明。

1. 使用箭头函数声明函数

ECMAScript 2015 中新增了箭头函数其基本语法格式有以下两种。

```
([参数1 [, ... 参数 n]]) =>{ 函数体 }
([参数1 [, ... 参数 n]]) =>(表达式)                    //返回值是对象字面量表达式
```

箭头函数中没有 function 关键字，使用表示名字由来的"=>"（箭头）连接参数和函数体。如果函数体只有一条语句，则"{}"可以省略，语句的返回值可直接视为函数返回值，这时 return 语句也可以省略。但如果没有参数时，圆括号不能省略。

例如，利用箭头函数声明一个能返回两个参数之和的函数，代码如下。

```
let adder = (x,y) => { return x + y;}
```

上述代码可简写为以下形式。

```
let adder = (x,y) => x + y;
```

注意：箭头函数的设计目的是用于替代匿名函数表达式，它的语法更简洁，具有词法级的 this 绑定，没有 argument 对象，函数内部的 this 值不可改变，没有原型，因而它不能作为构造函数使用。

2. 箭头函数的主要特征

箭头函数与普通函数有些许不同，其主要特征表现在以下几方面。

（1）没有 this、super、arguments 和 new.target 绑定。

在箭头函数中，this、super、arguments 和 new.target 这些值由外围最近一层箭头函数决定。

（2）不能通过 new 关键字调用。

箭头函数不能用作构造函数，如果通过 new 关键字调用箭头函数，那么程序会抛出错误。

（3）箭头函数没有原型。

箭头函数没有构建原型的需求，所以箭头函数不存在 prototype 属性。

（4）不可以改变 this 的绑定。

箭头函数没有独立的 this 和作用域。普通函数中的 this 指向函数的调用者，还可以使用 call()或者 apply()方法改变 this 的指向。而箭头函数的 this 永远指向函数定义处父级上下文的 this，而不是指向函数调用者。

【训练 4-23】解构箭头函数的参数列表，代码如下。代码清单为 code4-23.html。

```
let f = ([a, b] = [1, 2], { x: c } = { x: a + b }) => a + b + c;
f();           //6
```

4.3.4 闭包函数

在 JavaScript 中，内嵌函数可以访问定义在外层函数中的所有变量和函数，以及其外层函数能访问的所有变量和函数。但是在函数外部不能访问函数的内部变量和嵌套函数，这时就可以使用闭包函数来解决。

1. 什么是闭包函数

JavaScript 和其他大多数计算机语言一样，也采用了词法作用域。也就是说，函数的执行依赖于变量作用域，这个作用域是在函数定义时决定的，而不是在函数调用时决定的。为了实现词法作用域，JavaScript 函数对象的内部不仅包含函数的代码逻辑，还必须引用当前的作用域链。函数对象可以通过作用域链关联起来，函数体内部的变量都可以保存在函数作用域内。这种特性在计算机科学领域中称为闭包。

所谓闭包函数，是指有权访问另一个函数作用域中的变量的函数，可实现在函数外部读取函数内部的变量并且让变量的值始终在内存中。

【训练 4-24】写出以下程序的运行结果。代码清单为 code4-24.html。

```
let x = 10;
const foo = function(){
    let y = 20;
    let bar = function(){
        let z = 30;
        console.log(x + y + z);
    }();
};
foo();           //60
```

2. 闭包函数的实现

闭包函数的常见实现方式是在一个函数内部创建另一个函数，通过另一个函数访问这个函数的局部变量。

【训练 4-25】创建一个名为 count 的闭包函数，每调用一次，返回值就在原有值上加 1，代码如下。代码清单为 code4-25.html。

```
var count = function() {
    var count = 0;
    return function() {
        return count++;
    }
}();
console.log(count());         //0
console.log(count());         //1
console.log(count());         //2
```

说明：new Function()构造函数不会创建闭包，这是因为使用 new 关键字创建的对象会创建一个独立的语境。

4.3.5　递归函数

1. 什么是递归函数

递归函数是指在函数内部调用自身的函数。这种函数直接调用自身的行为称为递归调用。其语法格式如下。

```
function func(){
    ...
    func();
    ...
}
```

递归函数的执行过程可以分为"回溯"和"递推"两个阶段。也就是函数在调用自身时，从函数开始处重新执行；当重新执行的结束时，函数返回到调用该函数的代码处继续执行。

【训练 4-26】使用递归函数实现更简洁的阶乘计算，代码如下。代码清单为 code4-26.html。

```
function fact(n) {
    if (n <= 1) {
        return 1
    } else {
        return n * fact(n - 1); //未优化
    }
}
console.log(fact(10));              //3628800
```

2. 尾调用优化

尾调用指的是函数在另一个函数的最后一条语句中被调用，这时 ECMAScript 2015 引擎就可以对程序进行优化，帮助函数保持一个更小的调用栈，从而减少内存的使用，避免出现栈溢出错误。递归函数是尾调用优化的主要应用场景。

【训练 4-27】进行阶乘函数的尾调用优化处理，代码如下。代码清单为 code4-27.html。

```
function fact(n, p = 1) {
    if (n <= 1) {
        return 1 * p;
    } else {
        let result = n * p;
        return fact(n - 1, result); //已优化
    }
}
console.log(fact(10));              //3628800
```

在 fact()函数中，第二个参数 p 的默认值为 1，用于保存计算结果。在下一次迭代中可以取出它的值用于计算，不再需要额外的函数调用。当 n>1 时，先执行一轮乘法计算，然后将结果传给第二次调用的 fact()的参数。这样 ECMAScript 2015 引擎就可以优化递归调用了。

4.3.6　全局函数

JavaScript 中的全局函数实际是标准内置对象的函数属性，可以直接调用，不需要在调用

时指定其所属对象，函数执行结束后会将结果直接返回给函数调用者。

1. encodeURI()函数

encodeURI()函数可以把字符串作为 URI（Uniform Resource Identifier，统一资源标识符）进行编码并返回，而 URL 是最常见的一种 URI。encodeURI()函数的语法格式如下。

```
encodeURI(URIstring)
```

参数说明如下。

- URIstring 是一个字符串，含有 URI 或其他要编码的文本。

执行该函数的目的是对 URI 进行完整的编码，但不会对 ASCII 字母或数字进行编码，也不会对在 URI 中具有特殊含义的 ASCII 标点符号进行编码。

2. decodeURI()函数

decodeURI()函数可以对 encodeURI()函数编码过的 URI 进行解码。其语法格式如下。

```
decodeURI(URIstring)
```

参数说明如下。

- URIstring 是一个字符串，含有要解码的 URI 或其他要解码的文本。

【训练 4-28】进行 URI 的编码与解码，代码如下。代码清单为 code4-28.html。

```
let encodeStr = encodeURI('http://www.126.com/index.jsp?name=王东');
console.log(`encodeStr:${encodeStr}`);
//encodeStr:http://www.126.com/index.jsp?name = %E7%8E%8B%E4%B8%9C
let decodeStr = decodeURI(encodeStr);
console.log(`decodeStr:${decodeStr}`);
//decodeStr:http://www.126.com/index.jsp?name = 王东
```

利用 encodeURI()函数编码过的 URL 经过 decodeURI()函数解码后，将变为原有的字符串。对 URI 进行编码和解码，是为了避免在传送信息时发生错误。

3. parseInt()函数

parseInt()函数用来将一个字符串按照指定的进制转换为一个整数，其语法格式如下。

```
parseInt(numString,[radix])
```

参数说明如下。

- numString 是要进行转换的字符串。
- [radix]是 2～36 的数值，用于指定进行字符串转换时所用的进制。如果省略该参数或该参数的值为 0，则字符串将以十进制进行转换。如果它以"0x"或"0X"开头，则以十六进制进行转换。

4. parseFloat()函数

parseFloat()函数可解析一个字符串，并返回一个浮点数。该函数首先判断字符串中的首个字符是否是数字，如果是，则对字符串进行解析，直到字符串的末端为止，然后以数字形式返回该字符串。其语法格式如下。

```
parseFloat(string)
```

参数说明如下。

- string 是必须项，是要被解析的字符串。

5. isNaN()函数

IsNaN()函数用于检测其参数是否是非数字值。其语法格式如下。

```
isNaN(x)
```

参数说明如下。

- x 是要检测的值。如果 x 是特殊的非数字值 NaN，则返回 true；如果 x 是其他值，则返回 false。

isNaN()函数通常用于检测 parseInt()和 parseFloat()函数的结果，以判断它们是否是合法的数字。当然，也可以用 isNaN()函数来检测算术错误，如是否有用 0 作除数的情况。

6. eval()函数

eval()函数可以将某个字符串参数解析为一段 JavaScript 代码并执行。其语法格式如下。

```
eval(string)
```

参数说明如下。

- string 是要解析的字符串，其中含有要执行的 JavaScript 表达式或语句。

eval()函数只接收原始字符串作为参数，若参数不是原始字符串，则不对其做任何改变并返回。

7. isFinte()函数

全局函数 isFinite()用来判断被传入的参数值是否为有限数值（Finite Number）。在必要情况下，将参数先转为数值。

4.3.7 认识 BOM

BOM 即浏览器对象模型，以 window 对象为基础。window 对象代表浏览器窗口和页面可见区域，在客户端 JavaScript 启动时自动生成，也会被复用为 ECMAScript 的全局对象，用来提供访问全局变量和全局函数的方法。浏览器对象结构如图 4-2 所示。

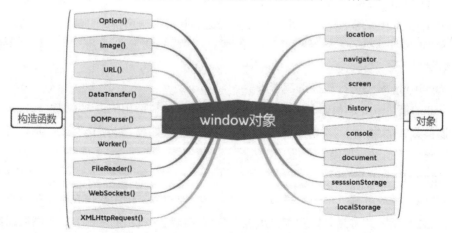

图 4-2　浏览器对象结构

4.3.8　window 对象

window 对象是 BOM 的核心，用来描述浏览器窗口。使用它可以方便地获取浏览器窗口的相关信息。window 对象作为全局变量，代表脚本正在运行的窗口，暴露给 JavaScript 代码。

浏览器窗口是指在浏览器窗口中看到的网页区域，又叫作视口，不包括工具栏和滚动条。当网页内容不能在浏览器窗口中全部显示时，将出现滚动条。

window 对象的常用属性如表 4-2 所示。

表 4-2　window 对象的常用属性

属性名	描述
document	获取页面文档对象
history	获取窗口历史对象
location	获取窗口的地址对象
navigator	获取窗口的导航对象
screen	获取窗口的屏幕对象
parent	获取父窗口
innerHeight	获取页面文档显示区的高度
innerWidth	获取页面文档显示区的宽度
outerHeight	获取窗口的外部高度
outerWidth	获取窗口的外部宽度
pageXOffset	获取当前页面相对于窗口显示区的水平偏移距离
pageYOffset	获取当前页面相对于窗口显示区的垂直偏移距离
name	获取窗口的名称
opener	获取打开当前窗口的父窗口
localeStorage	HTML5 本地存储对象

window 对象的常用方法如表 4-3 所示。

表 4-3　window 对象的常用方法

方法	描述
alert(msg)	弹出一个警告框。参数 msg 表示在对话框中显示的字符串
confirm(msg)	弹出一个确认框。参数 msg 表示在对话框中显示的字符串
prompt(text, value)	弹出一个用户输入框。参数 text 用来提示用户输入文字的字符串，value 是指文本输入框中的默认值
setInterval(func,msc)	按一定的周期来执行回调函数，返回定时器 id。参数 func 表示回调函数，msc 表示执行的毫秒数
setTimeout(func,msc)	延长一定时间后执行回调函数，返回定时器 id
clearInterval(timer)	取消循环定时器。参数 timer 表示定时器 id
clearTimeout(timer)	取消延时定时器。参数 timer 表示定时器 id
moveBy(x,y)	按照指定的偏移量移动当前窗口。参数 x 和 y 分别表示水平滚动和垂直移动的偏移量
moveTo(x,y)	将当前窗口移动到指定的坐标位置。参数 x 和 y 分别表示移动位置的横坐标和纵坐标

续表

方法	描述
resizeBy(rw,rh)	调整窗口大小。参数 rw 和 rh 分别表示窗口水平方向和垂直方向变化的像素值
resizeTo(w,h)	调整窗口大小。参数 w 和 h 分别表示想要调整到指定大小的窗口的宽度和高度
scrollBy(x,y)	在窗口中按指定的偏移量滚动文档。参数 x 和 y 分别表示水平滚动和垂直滚动的偏移量
scrollTo(x,y)	滚动到文档中的某个位置。参数 x 和 y 分别表示文档中的横轴坐标和纵坐标
blur()	将用户焦点从窗口移开
close()	关闭由 open()方法打开的窗口
open(URL,name,features,replace)	打开一个新的浏览器窗口或查找一个已命名的窗口。参数 URL 表示新窗口中显示的文档的 URL，name 表示窗口的名称，features 表示窗口特征，replace 表示创建或替换浏览器历史记录
print()	打印当前页面
getComputedStyle()	返回元素 CSS 属性的值
requestAnimationFrame(cb)	根据浏览器的刷新频率自动执行

window 对象实现了 Window 接口，一些额外的全局函数、命名空间、对象、接口和构造函数与 window 对象没有典型的关联，但却是有效的。

window 对象提供的原生构造函数如表 4-4 所示。

表 4-4　window 对象提供的原生构造函数

构造函数	描述
DOMParser()	可以将存储在字符串中的 XML 或 HTML 源代码解析为一个 DOM Document
Image()	可以创建一个新的 HTMLImageElement 实例。它的功能类似于 document. createElement('img')
Option()	用于创建 HTMLOptionElement 的构造函数
Worker()	创建一个专用 Web worker，它只执行 URL 指定的脚本；使用 Blob URL 作为参数亦可
DataTransfer()	用于保存拖动并放下过程中的数据
URL()	用于解析、构造、规范和编码 URL

【训练 4-29】设计盒子向右移动的动画效果，代码如下。代码清单为 code4-29.html。

```
<!DOCTYPE html>
<html>
<head>
    <meta charset = "utf-8">
    <title></title>
    <style>
        #box {
            position: absolute;
```

```
            width: 100px;
            height: 100px;
            background: #f00;
        }
    </style>
</head>
<body>
    <div id = "box"></div>
    <script>
        let box = document.getElementById("box");
        let i = 0,
            timer = null;
        function move() {
            i++;
            box.style.left = i + "px";
            box.innerText = i;
            if (i >= 800) {
                i = 0;
            }
            //timer = setTimeout("move()", 20)
            window.requestAnimationFrame(move);
        }
        //timer = setTimeout("move()", 20);
        window.requestAnimationFrame(move);
    </script>
</body>
</html>
```

4.3.9 location 对象

location 对象用于对当前 URL 信息进行封装，并且提供了方法用来重新加载或者替换当前页面的 URL。

location 对象的常用属性如表 4-5 所示。

表 4-5 location 对象的常用属性

属性	描述
host	设置或返回当前页面的主机名和端口号
hostname	设置或返回当前的主机名
href	设置或返回当前页面的完整 URL
pathname	设置或返回当前 URL 的路径部分
port	设置或返回当前 URL 的端口号
protocol	设置或返回当前 URL 的协议
search	设置或返回当前 URL 的参数部分

location 对象的常用方法如表 4-6 所示。

表 4-6　location 对象的常用方法

方法	描述
assign(url)	加载新的文档
Reload()	重新加载当前文档
replace(url)	加载新的文档，这个方法不会在 history 中生成新的记录

【训练 4-30】利用 location 对象载入新文档，代码如下。代码清单为 code4-30.html。

```
<!DOCTYPE html>
<html>
<head>
    <meta charset = "utf-8">
    <title>页面跳转</title>
</head>
<body>
    <button>跳转到人民邮电出版社网站</button>
    <script>
        let btn = document.querySelector("button");
        btn.addEventListener('click', function() {
            location.assign("https://www.ptpress.com.cn");
        }, )
    </script>
</body>
</html>
```

4.3.10　navigator 对象

navigator 对象中包含浏览器的相关信息，使用它可以获取浏览器的名称、版本、平台等信息。navigator 对象的常用属性如表 4-7 所示。

表 4-7　navigator 对象的常用属性

属性	描述
appCodeName	获取浏览器的代码名
appName	获取浏览器的名称
appVersion	获取浏览器的平台和版本
cookieEnabled	获取浏览器是否开启对 cookie 的支持
online	获取浏览器当前是否是非脱机模式
platform	获取浏览器当前运行的操作系统
userAgent	获取浏览器中用户请求的用户代理头的值

【训练 4-31】判断当前设备是 PC 端还是移动端，代码如下。代码清单为 code4-31.html。

```
<!DOCTYPE html>
<html>
```

```
<head>
    <meta charset = "utf-8">
    <title>判断当前设备是 PC 端还是移动端</title>
</head>
<body>
    <script>
        let reg = /Webkit|Opera|MSIE|Compatible|Mozilla/i;
        const detectDeviceType = () => reg.test(navigator.userAgent) ?
'Mobile' : 'Desktop';
        console.log(detectDeviceType());
    </script>
</body>
</html>
```

4.3.11 screen 对象

screen 对象中包含显示屏的相关信息。使用 screen 对象可以更加方便地对新窗口进行定位，也可以根据屏幕的分辨率选择合适的图片显示给用户。screen 对象的常用属性如表 4-8 所示。

表 4-8 screen 对象的常用属性

属性	描述
availHeight	获取可显示区域的高度
availWidth	获取可显示区域的宽度
height	获取显示屏的高度
width	获取显示屏的宽度
colorDepth	获取颜色的深度
pixelDepth	获取颜色分辨率

4.3.12 history 对象

history 对象中包含用户在当前窗口访问过的 URL 历史，可以使用这个对象控制页面的前进和后退。history 对象的常用属性和方法如表 4-9 所示。

表 4-9 history 对象的常用属性和方法

属性和方法	描述
go(num|url)	加载 history 列表中的某个具体页面
back()	加载 history 列表中的下一个 URL
forward()	加载 history 列表中的前一个 URL
pushState(data,title[,url])	按指定的名称和 URL 将数据压进会话历史栈，数据被 DOM 进行不透明处理
replaceState(stateObj, title[, url])	按指定的数据、名称和 URL 更新历史栈上最新的入口

4.4　任务实现

公告栏中文字信息的滚动效果要通过编写 HTML 文件、CSS 文件、JavaScript 脚本文件来实现，效果如图 4-3 所示。

图 4-3　公告栏中文字信息的滚动效果

4.4.1　编写 HTML 文件

1. 创建站点

新建项目文件夹 chapter4，在该文件夹中新建 css 和 js 文件夹，分别用于放置 CSS 样式表文件和 JavaScript 脚本文件。

V4-1　编写
HTML 文件

2. 编写 index.html 文件

在项目文件夹下新建 index.html 文件，依据 HTML5 规范编写该文件，设置网页标题为"设计公告栏信息滚动效果"。代码如下。

```html
<!DOCTYPE html>
<html lang = "en">
<head>
    <meta charset = "UTF-8">
    <title>设计公告栏信息滚动效果</title>
    <link rel = "stylesheet" href = "./css/hscroll.css">
</head>
<body>
    <div class = "bulletin-board">
        <h3>公告栏</h3>
        <div class = "bbd">
            <div class = "scroll">
                <ul>
                    <li>成功路上没有捷径，相信坚持是最好的良策  </li>
                    <li></li>
                </ul>
            </div>
        </div>
    </div>
    <script src = "./js/hscroll.js"></script>
</body>
</html>
```

4.4.2　编写 CSS 文件

在 css 文件夹中，创建并编写 hscroll.css 样式表文件。代码如下。

```
* {
    margin: 0;
    padding: 0;
}
li {
    list-style: none;
}
.bulletin-board {
    display: flex;
    flex-flow: row nowrap;
    justify-content: flex-start;
    align-items: center;
    margin: 50px 20px;
}
.bulletin-board > h3 {
    font-size: 14px;
    height: 40px;
    line-height: 40px;
    margin-right: 5px;
    width: 60px;
    text-align: center;
    border: 1px #809 solid;
    border-right: none;
    color: #809;
}
.bbd {
    position: relative;
    width: 260px;
    height: 40px;
    background: #809;
    box-sizing: border-box;
    overflow: hidden;
}
.scroll {
    position: relative;
    overflow: hidden;
    float: left;
}
.scroll ul {
    overflow: hidden;
}
.scroll li {
    float: left;
    padding: 4px;
    color: #ff0;
    height: 40px;
    line-height: 30px;
}
```

4.4.3 编写 JavaScript 脚本文件

在 js 文件夹中，新建 hscroll.js 文件，在该文件中编写代码，实现文字的无间断滚动效果。代码如下。

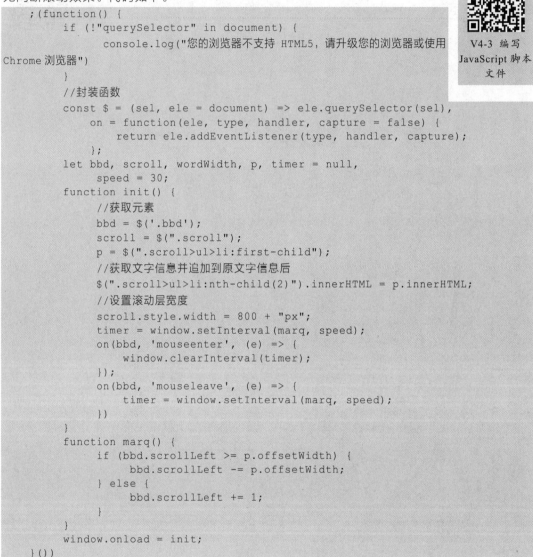

```
;(function() {
    if (!"querySelector" in document) {
        console.log("您的浏览器不支持 HTML5,请升级您的浏览器或使用
Chrome 浏览器")
    }
    //封装函数
    const $ = (sel, ele = document) => ele.querySelector(sel),
        on = function(ele, type, handler, capture = false) {
            return ele.addEventListener(type, handler, capture);
        };
    let bbd, scroll, wordWidth, p, timer = null,
        speed = 30;
    function init() {
        //获取元素
        bbd = $('.bbd');
        scroll = $(".scroll");
        p = $(".scroll>ul>li:first-child");
        //获取文字信息并追加到原文字信息后
        $(".scroll>ul>li:nth-child(2)").innerHTML = p.innerHTML;
        //设置滚动层宽度
        scroll.style.width = 800 + "px";
        timer = window.setInterval(marq, speed);
        on(bbd, 'mouseenter', (e) => {
            window.clearInterval(timer);
        });
        on(bbd, 'mouseleave', (e) => {
            timer = window.setInterval(marq, speed);
        })
    }
    function marq() {
        if (bbd.scrollLeft >= p.offsetWidth) {
            bbd.scrollLeft -= p.offsetWidth;
        } else {
            bbd.scrollLeft += 1;
        }
    }
    window.onload = init;
}())
```

4.5 任务拓展——设计公告栏信息垂直滚动效果

4.5.1 任务描述

根据用户要求，需要在网页中添加一个位于网页左侧的公告栏，其中的信息具有上下不间断滚动的效果。

4.5.2 任务要求

利用本单元所学的关键知识和技术，根据连续滚动原理，编写网页的 HTML 文件、CSS 文件和 JavaScript 脚本文件，完成公告栏信息垂直滚动效果的设计。参考效果如图 4-4 所示。

图 4-4 公告栏信息垂直滚动效果

4.6 课后训练

网页公告栏主要用来展示一些重要信息，其中的信息可以是文字，也可以是图片，设计效果要美观、大方和醒目。

利用本单元所学知识和技术，设计一款图片连续无缝水平滚动的公告栏。参考效果如图 4-5 所示。

图 4-5 图片滚动效果

可以考虑使用图片预装载技术加载图片。预装载是一种在使用图片之前就将图片下载到缓存中的技术。这样可以当需要显示图片时迅速将其从缓存中恢复并立即显示。比较简单的图像预装载方法是使用 JavaScript 创建一个 Image 对象，然后将希望预装载的图片的 URL 传递给此对象。

Image()是浏览器的原生构造函数，有两个可选参数，分别表示图片的宽度和高度。创建一个尚未被插入 DOM 树中的 HTMLImageElement 实例，其中一个常用属性 src 可以定义图片的 URL。请自主学习相关知识，完成图片的预加载任务。

【归纳总结】

本单元主要介绍了 JavaScript 函数及其特性，还介绍了常用的浏览器对象，重点阐述了箭头函数、闭包函数、递归函数等的使用方法。根据连续滚动原理，完成了公告栏信息滚动效果的设计。通过对本单元的学习，学生可以积累 Web 开发经验，提升 JavaScript 编程能力。本单元内容的归纳总结如图 4-6 所示。

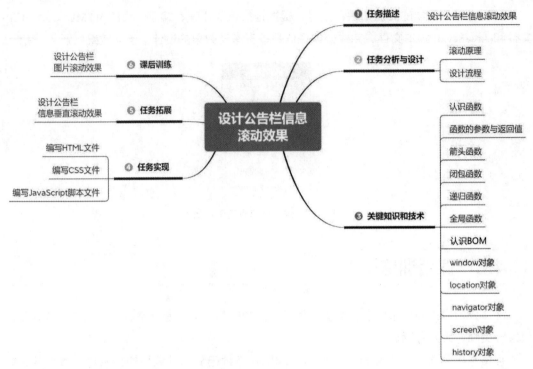

图 4-6　归纳总结

单元5
设计模态对话框效果

05

【单元目标】

1. 知识目标
- 了解面向对象编程思想；
- 掌握创建对象、使用对象、利用原型继承实现高效编程的方法和技术。
2. 技能目标
- 通过编写 HTML 文件、CSS 文件和 JavaScript 脚本文件，能够完成模态对话框效果设计。
3. 素养目标
- 培养团队合作精神，建立良好的沟通和交流机制，做到团队成员之间相互帮助、相互学习、共同进步，实现优势互补。

【核心内容】

本单元的核心内容如图 5-1 所示。

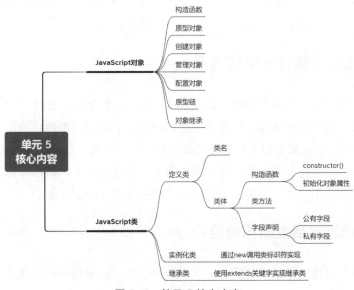

图 5-1　单元 5 核心内容

5.1 任务描述

在图形用户界面中，对话框是一种特殊的窗口，用来向用户展示信息，或者在需要的时候获取用户响应。对话框分为模态对话框（Modal Dialogue Box）和非模态对话框两种。

模态对话框又叫作模式对话框，当模态对话框打开时，程序会暂停执行，直到关闭这个对话框后，才能继续执行程序。例如，在 Word 中，当"字体"对话框打开时，若用鼠标进行对话框外的其他操作，都无法实现，这是因为"字体"对话框是一个模态对话框。模态对话框"垄断"了用户的输入，当模态对话框打开时，用户只能与该对话框进行交互，而其他用户界面对象接收不到输入的信息。

当非模态对话框打开时，可以在对话框外执行其他操作，而不用关闭这个对话框。例如，Windows 提供的记事本程序中的"查找"对话框就不会"垄断"用户的输入，在打开"查找"对话框后，仍可以与其他用户界面对象进行交互，用户可以一边查找，一边修改记事本中的内容，这样大大方便了用户的使用。

简单地说，在模态对话框打开时不能在对话框外进行其他操作，而在非模态对话框打开时可以在对话框外进行操作。当需要处理事务，又不希望跳转页面来打断工作流程时，可以使用模态对话框承载相应的操作。建议不使用模态对话框展示错误、成功和警告信息，而让这些信息停留在页面中。

本单元的主要任务是使用 JavaScript 设计一款模态对话框。

5.2 任务分析与设计

模态对话框以对话框的形式出现在用户界面，使用户界面可见但是不能响应任何操作。在模态对话框中完成操作后，才可以回到用户界面继续操作。

5.2.1 模态对话框的实现原理

网页中的模态对话框是用 HTML、CSS 和 JavaScript 构建的，在页面中创建一个打开模态对话框的按钮，使模态对话框默认隐藏。给打开按钮绑定单击事件，为模态对话框添加样式并实现显示功能。尽可能将模态对话框放在页面的顶层位置，以避免来自其他元素的干扰。单击打开按钮后，即可打开模态对话框。单击模态对话框中的关闭按钮可关闭模态对话框。要给关闭按钮绑定单击事件，为模态对话框添加样式并实现隐藏功能。

5.2.2 模态对话框的构成要素

大部分模态对话框由标题、按钮、主体内容等组成。如果模态对话框允许用户输入或选择内容，则还需添加相关控件。

1．标题

一个清晰的标题，可以让用户更加清楚当前的操作内容和所处位置。

2．按钮

取消按钮、关闭按钮等，给用户提供关闭对话框的途径，这样用户就可以主动关闭对话框。也可以通过键盘控制的方式快捷退出对话框。

3．主体内容

模态对话框的尺寸应合适，其面积最好不要超过屏幕面积的 50%。

主体内容需要适应模态对话框的大小，避免使用滚动条。

模态对话框最好位于屏幕中央偏上，因为在移动设备中，如果模态对话框处于靠下的位置可能会在视口中消失。

5.2.3　模态对话框类设计

完成模态对话框的分析后，需要设计一个对话框类以实现模态对话框的功能。设计对话框类的具体操作主要包括创建对话框构造函数、为对话框添加属性和方法、对对话框进行初始化、添加对话框操作行为等。

1．规划模态对话框选项 default

模态对话框选项 default 主要包括对话框容器名称、对话框标题、对话框焦点、对话框键盘控制（Esc）和对话框按钮等，如表 5-1 所示。

表 5-1　模态对话框选项 default

属性	值	描述
el	'.modal-container'	对话框容器名称（类名）
tile	'系统提示'	对话框标题
focus	true	对话框焦点
escapeClose	true	对话框键盘控制（Esc）
buttons	[{ }]	对话框按钮

2．创建模态对话框的构造函数

任何 JavaScript 函数都可以用作构造函数，构造函数的名称首字母通常为大写字母。命名模态对话框的构造函数为 ModalPlugin()，构造函数的初始化任务交给 init()来完成，代码如下。

```
function ModalPlugin(el, opts) {
    return new init(el, opts);
}
```

3．封装对话框的公共属性和方法

声明 ModalPlugin 原型的属性和方法，目的是封装对话框的公共属性和方法。ModalPlugin 原型的属性和方法如表 5-2 所示。

表 5-2　ModalPlugin 原型的属性和方法

方法	描述
Constructor()	构造器
ini()	用于处理视图
$()	封装选择器方法
is()	判断数据类型
open()	打开对话框
close()	关闭对话框
on()	向事件池中订阅方法
fire()	通知事件池中的执行方法

4．编写构造函数中的初始化函数

构造函数中的初始化主要针对对话框的数据成员，由 init()函数完成，代码如下。

```
function init(el,opts){
    this.options = Object.assign({}, defaults, opts)
    this.pond = {
        ini: [],
        close: [],
        open: []
    }
    this.ini(el)
}
init.prototype = Object.create(ModalPlugin.prototype);
```

5．封装执行代码

如果需要遵循 ES6 Module 或 CommonJS 模块导入规范，使代码在 react 项目或 Vue 项目中也可以使用，就要进行代码封装。代码如下。

```
;(function(undefined) {
    "use strict"
    var _global;
    ...
    //将插件对象暴露给全局对象
    _global = (function() {
        return this || (0, eval)('this');
    }());
    if (typeof module !== "undefined" && module.exports) {
        module.exports = ModalPlugin;
    } else if (typeof define === "function" && define.amd) {
        define(function() {
            return ModalPlugin;
        });
    } else {
        !('ModalPlugin' in _global) && (_global.ModalPlugin = ModalPlugin);
    }
}());
```

模态对话框类设计如图 5-2 所示。

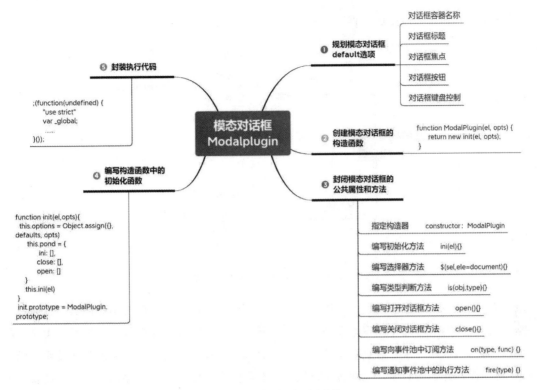

图 5-2　模态对话框类设计

5.3　关键知识和技术——面向对象编程

　　面向对象是软件开发领域中非常重要的编程思想，利用面向对象思想可使程序的灵活性、健壮性、可扩展性、可维护性得到增强，尤其是大型项目。面向对象思想是计算机编程技术发展到一定阶段的产物，并被广泛应用到数据库系统、交互式界面、应用平台、分布式系统、网络管理结构、人工智能等领域。

5.3.1　认识面向对象

　　面向对象是一种解决问题的思想，也是认识世界的一种方法。例如有一家快餐店，在营业初期，由于顾客比较少，老板为了节约开店成本，自己来完成点餐、烹饪、传菜、收款等工作。一年后，快餐店的生意越来越好，老板一个人忙不过来，于是他雇佣厨师、服务员、收银员来完成相应的工作。

　　在快餐店的经营过程中，就包括两种处理问题的思想。在快餐店的营业初期，老板的解决方案是面向过程的，注重的是具体步骤，只要按照点餐、烹饪、传菜、收款一步步执行，就能够完成工作，老板是执行者，凡事都要靠自己完成。一年后，老板的解决方案是面向对象的，注重的是对象（店内工作人员），这些对象各司其职，老板是指挥官，只需发号施令，即可指挥这些对象完成相应工作。两种处理问题的过程如图 5-3 所示。

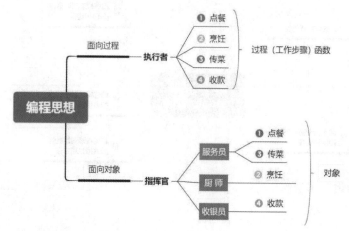

图 5-3　两种处理问题的过程

　　在软件领域，编程初期是面向过程编程，编写的代码都是零散的变量和函数。在大项目中，它们就变得不可控，代码难以理解、维护和复用。而面向对象编程可以将同一类事物的相关代码封装成为对象，将变量和函数分别作为对象的属性和方法，并通过对象调用它们。这样可以使代码结构清晰，层次分明。因此，在团队开发中，面向对象编程可以帮助团队更好地分工协作，提高开发效率。

　　1. 面向对象编程概念

　　面向对象编程是以对象为主的程序开发和设计方式。在创建对象之前必须先定义对象的规格形式，即类，类中定义的特性称为属性，要做的事情或提供的服务称为方法。对象则是由 new 关键字创建的类的实例，由类创建实例的过程称为实例化。

　　2. 面向对象的特性

　　面向对象的特性有封装性、继承性和多态性。

　　封装是把客观事物抽象成类，类是封装了数据及操作的代码的逻辑实体。可利用类隐藏内部的实现细节，避免数据被任意修改及读写，只对外开放操作接口。接口就是对象的方法，无论对象的内部多么复杂，用户只需要知道接口的使用方法即可。

　　继承是利用已有的类创建出新的类，已有的类称为父类，新创建的类称为子类。子类会保留父类的公有和受保护的属性和方法，可以扩充自己的属性和方法。这样就可以实现代码的复用。

　　多态也称为同名异式，使用同一个接口在不同的条件下执行不同的操作。

　　面向对象的程序很容易实现模块化，封装与继承让程序能够重复利用，多态有助于灵活地修改程序，以符合不同的设计要求。总之，面向对象的程序具有可维护、可扩展、可复用等优点。

　　3. JavaScript 面向对象

　　JavaScript 虽然是面向对象的程序设计语言，但是与其他面向对象的程序设计语言有很大的不同。JavaScript 没有真正的类，它是基于原型的面向对象语言，用函数作为类的构造函数，通过复制构造函数的方式来模拟继承。ECMAScript 6 加入了 class 关键字来处理对象，但仍然是基于原型来实现的。

5.3.2 认识 JavaScript 对象

1. JavaScript 对象的概念

JavaScript 对象是逻辑相关的数据和功能的集合，以人们对世界的自然理解为设计理念，也称为"无序属性的集合"，每个对象有自己的属性、方法和事件。对象的属性是对象的特性，用变量表示；对象的方法是要做的事情或提供的服务，用函数表示；对象的事件是指能响应的发生在对象上的事情。

JavaScript 对象按来源分为原生对象、宿主对象和用户自定义对象 3 种。原生对象是指 ECMAScript 规范定义的内置对象，如函数、数组、日期、正则表达式等。宿主对象是指 JavaScript 引擎支持的宿主对象（如 BOM 和 DOM 对象）。用户自定义对象是由用户直接创建并使用的对象。

2. JavaScript 内置对象

JavaScript 内置对象为开发者提供了许多经常使用的功能。使用 JavaScript 内置构造器，开发者可以更方便地创建和使用各种类型的对象。JavaScript 内置对象主要包括 ECMAScript 3 规范和 ECMAScript 5 规范中约定的不同类型的对象，如图 5-4 所示。

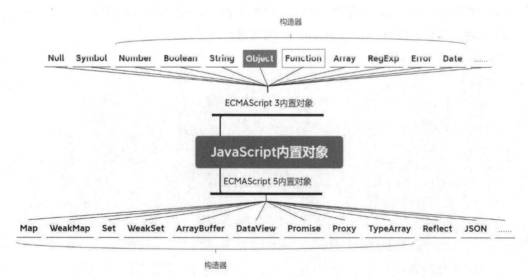

图 5-4　JavaScript 内置对象

在 JavaScript 中，几乎所有的对象都是 Object 类型的实例，Object 是原型链上的顶层对象，Function 是所有对象类型的构造函数。

3. 对象属性

JavaScript 对象的属性是由名字、值和一组特性构成的。对象属性可分为自有属性和继承属性两种。对象属性通常可以被访问、修改、添加和删除，但是某些属性是只读的。

（1）访问对象属性。

访问对象属性使用"."或"[ ]"运算符来实现，其语法格式有以下 3 种。

```
objectName.property            //如 person.age
objectName["property"]         //如 person["age"]
objectName[expression]         //x = "age"; person[x]
```

参数说明如下。

- expression 是表达式，在[]中放入表达式，计算结果可以当作属性名使用。
- property 是属性名。

（2）检测属性。

检测属性就是判断某个属性是否存在于某个对象之中，可以通过 in 运算符、hasOwnProperty()和 propertyIsEnumerable()方法来完成。

in 运算符的左侧是属性名、右侧是对象。如果对象的自有属性或继承属性中包含指定属性，则返回 true。

对象的 hasOwnProperty()方法用于检测给定属性是否是对象的自有属性。若是继承属性，则返回 false。

对象的 propertyIsEnumerable()方法只有检测到指定属性是自有属性且可枚举时才返回 true。

（3）遍历属性。

给对象添加的属性都是可枚举的，对象继承的内置方法是不可枚举的。遍历对象中所有可枚举的属性可以使用 for...in 语句来完成，但结果中包含有自有属性和继承属性。如果想获取自有属性，需要使用 obj.hasOwnProperty()方法进行过滤。

【训练 5-1】遍历对象的自有属性，代码如下。代码清单为 code5-1.html。

```
var person = {
    fname: "Bill",
    lname: "Gates",
    age: 22
};
let txt = "";
for (x in person) {
    if (!person.hasOwnProperty(x)) continue;
    txt += person[x] +"  ";
}
console.log(txt);                        //Bill  Gates  22
console.log(person.fname);               //Bill
```

（4）添加新属性。

可以通过简单的赋值语句为已存在的对象添加新属性。例如：person.nationality = "English"。

（5）删除属性。

可以用 delete 运算符删除不是继承而来的属性。例如：delete person.age。

4．对象方法

JavaScript 对象的方法是能够在对象上执行的动作。JavaScript 方法是包含函数定义的属性。

（1）定义对象方法。

方法是值为某个函数的对象属性。定义方法与定义普通函数的方法类似，不同的是方法必须被赋给对象的某个属性，其语法格式如下。

```
methodName : function() { //代码块 }
```

（2）访问对象方法。

访问对象方法使用 "." 运算符完成，其语法格式如下。

```
objectName.methodName()
```

【训练 5-2】定义 person 对象的方法 fullName()，代码如下。代码清单为 code5-2.html。

```
var person = {
    firstName: "Bill",
    lastName: "Gates",
    id: 648,
    fullName: function() {
        return this.firstName + " " + this.lastName;
    }
};
console.log(person.fullName());          //Bill Gates
```

说明：如果在访问 fullName 时没有加上 "()"，则将返回函数定义。

（3）定义 getter 与 setter。

使用 getter 和 setter 时，可以确保更好的数据质量。可以在支持添加新属性的任何标准的内置对象或自定义的对象内定义 getter（访问方法）和 setter（设置方法）。定义 getter 和 setter 采用对象字面量语法。语法格式如下。

```
{get prop() { ... } }
{get [expression]() { ... } }
{set prop(val) { ... }}
{set [expression](val) { ... }}
```

参数说明如下。

- prop 为要绑定到给定函数的属性名。
- val 用于保存尝试分配给属性的变量的一个别名。
- expression 是表达式，可以将一个计算属性名的表达式绑定到给定的函数。

当查找某个对象属性时，get 对象属性将会与被调用的函数绑定。当试图设置属性时，set 对象属性与被调用的函数绑定。当使用对象初始化器定义 getter 和 setter 时，只需要在 getter 方法前加 get、在 setter 方法前加 set。当然，getter 方法必须是无参数的，setter 方法只接收一个参数。

【训练 5-3】为对象 obj 定义 getter 和 setter，代码如下。代码清单为 code5-3.html。

```
var obj = {
    a: 7,
    get b() {
        return this.a + 1;
    },
    set c(x) {
        this.a = x / 2
    }
}
```

```
};
console.log(obj.a); //7
console.log(obj.b); //8
obj.c = 50;
console.log(obj.a); //25
```

5．this 关键字

this 是 JavaScript 中的一个特殊关键字，是指当前执行上下文（global、function 或 eval）的属性。在非严格模式下，它总是指向一个对象：在严格模式下，它可以是任意值。ECMAScript 5 的严格模式采用具有限制性 JavaScript 变体的方式，使代码隐式地脱离"马虎模式/稀松模式/懒散模式"。要开启严格模式，需在脚本或函数的头部添加"use strict;"表达式来声明。

在全局执行环境中且在任何函数外部，this 都指向全局对象。在函数内部，this 的值取决于函数调用的方式。在箭头函数中，this 与封闭词法环境的 this 一致。在类的构造函数中，this 是一个常规对象，类中所有非静态的方法都会被添加到 this 的原型中。

如果想把 this 的值从一个环境转到另一个环境，就要用 call()、apply()和 bind()方法。

5.3.3 构造函数

构造函数是一类特殊的函数，是封装创建对象过程的函数，也是用来创建和初始化对象实例的函数，是类的"外在表现"。用户可以直接在执行环境中使用 JavaScript 的内置构造函数，也可以自定义构造函数。

使用 new 关键字调用构造函数，可以创建对象。其语法格式如下。

```
new constructor[([arguments])]
```

参数说明如下。

- constructor 是指定对象实例的类型的类或函数。
- arguments 是被 constructor 调用的参数列表。

构造函数与普通函数在语法的定义上没有任何区别，两者的唯一区别是调用方式不同：使用 new 关键字调用的函数就是构造函数，而不使用 new 关键字调用的函数就是普通函数。

1．内置构造函数

为了便于创建或使用不同类型的对象，JavaScript 提供了 Object()、String()、Number()、Date()、Function()、Array()等内置构造函数。

2．自定义构造函数

除了使用内置构造函数，用户也可以自己定义构造函数。

任何 JavaScript 函数都可以用作构造函数，并且在调用构造函数时需要使用构造函数中预先定义好的 constructor 属性。构造函数名称的首字母通常大写，在函数体内部使用 this 关键字，表示要生成的对象实例，构造函数默认返回 this。构造函数在调用时，必须与 new 关键字配合使用。

【训练 5-4】定义构造函数，代码如下。代码清单为 code5-4.html。

```
function Person(name, age) {
    this.name = name;
```

```
        this.age = age;
        this.sayName = function () {
            return this.name;
        }
    }
```

注意：不能使用箭头函数定义构造函数。

3. 定义静态属性和方法

在定义静态属性和方法时，不能将其定义在原型对象中。在静态方法中，不能使用 this 关键字。静态属性是以构造函数为单位的。

【训练 5-5】为 Area()函数定义静态属性 version 和静态方法 triangle()和 diamond()，代码如下。代码清单为 code5-5.html。

```
var Area = function() {};
Area.version = '1.0';
Area.triangle = function(base, height) {
    return base * height / 2;
};
Area.diamond = function(width, height) {
    return width * height / 2;
};
console.log(`Area 类的版本号: ${Area.version}`);        //Area 类的版本号: 1.0
console.log(`三角形的面积: ${Area.triangle(5,3)}`);      //三角形的面积: 7.5
console.log(`菱形的面积: ${Area.diamond(10,2)}`);        //菱形的面积: 10
var a = new Area();
console.log(`菱形的面积: ${a.diamond(10,2)}`);
//Uncaught TypeError: a.diamond is not a function
```

5.3.4　原型对象

原型机制是 JavaScript 面向对象编程的一个重要体现，利用原型可以增强代码的复用性。

原型对象是构造函数创建实例的模板。JavaScript 规定，每个函数都有 prototype 属性，它指向一个对象，这个对象就是原型对象。prototype 属性默认引用空对象。原型对象的作用是定义所有实例对象共享的属性和方法，而实例对象可以视作从原型对象衍生出来的子对象。

1. 原型对象、构造函数和实例之间的关系

只要创建一个函数，就会按照特定的规则为这个函数创建 prototype 属性，它指向函数的原型对象，这个对象包含所有实例共享的属性和方法。因此，可以将实例共享的属性和方法抽离出构造函数，将它们添加到 prototype 属性中。

在默认情况下，每个原型对象都有 constructor 属性，它指向原型对象所在的构造函数。

可以通过 new 关键字调用构造函数创建对象的实例，对象的实例都具有[[Prototype]]属性（即__proto__），指向构造函数的原型对象。因此，[[Prototype]]属性可以看作连接实例与其构造函数原型对象的桥梁。

原型对象、构造函数和实例之间的关系如图 5-5 所示。

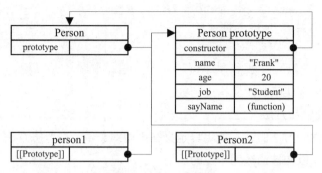

图 5-5　原型对象、构造函数和实例之间的关系

【训练 5-6】原型对象、构造函数和实例之间的关系演示，代码如下。代码清单为 code5-6.html。

```
function Person() {};
Person.prototype.name = "Frank";
Person.prototype.age = 20;
Person.prototype.job = "Student"
Person.prototype.sayName = function() {
    console.log(this.name);
};
let person1 = new Person(),
    person2 = new Person();
console.log(Person.prototype);                 //Object
console.log(person1.constructor);              //f Person() {}
console.log(Person.prototype.constructor);     //f Person() {}
```

2．重写原型对象

在使用 "." 运算符给原型对象添加成员时，每次都要把构造函数的原型重写一遍。当成员较多时，代码就会很冗长，可读性就会变弱。如果使用字面量表示法，就会切断构造函数和最初原型之间的关系，也就是构造函数原型的 constructor 属性不再指向原构造函数，而指向了 Object()构造函数。此问题的解决方法是在原型字面量中添加 constructor 属性，并将属性值设置为原构造函数名称，也可以使用 Object.defineProperty()方法定义 constructor 属性。

【训练 5-7】重写构造函数 Person()的原型对象，代码如下。代码清单为 code5-7.html。

```
function Person() {};
Person.prototype = {
    constructor: Person,
    name: "Frank",
    age: 20,
    job: "Student",
    sayName: function() {
        console.log(this.name);
    }
}
let person1 = new Person;
console.log(Person.prototype);         //Object
console.log(person1.__proto__)         //Object
person1.sayName();                     //Frank
```

说明：重写原型对象还可以使用 Object.defineProperties()来实现。

3．原生对象原型

对象原型不仅体现在自定义对象上，还体现在所有原生引用类型的构造函数上，Object()、Array()、String()等都在原型上定义了实例方法。例如，数组实例的 sort()方法是在 Array.prototype()上定义的，字符串包装对象的 substring()方法是在 String.prototype()上定义的。也就是说多种类型的原生对象的原型上都定义了默认的属性和方法。利用原生对象的原型可以获取所有默认方法的引用，也可以给原生类型的实例定义新的方法（不推荐）。例如，可以使用 Object.getOwnPropertyNames(String.prototype)列出原生对象 String 的所有方法名称。

5.3.5 创建对象

创建对象也叫定义对象或声明对象。对于创建对象而言，使用对象字面量创建对象是最简单的方式。但如果要创建多个相同的对象，同时使用构造函数和原型对象是比较合理且易于维护的方式。

1．使用对象字面量创建

对象字面量是一系列"键值对"的集合，键值对之间通过逗号隔开。它是一种最简单的创建对象的方式。

【训练 5-8】使用对象字面量创建对象，代码如下。代码清单为 code5-8.html。

```
let person = {
    name: "peter",
    age: 18,
    sayName() {
        return this.name;
    }
}
console.log(person.sayName());              //peter
```

2．使用构造函数创建

使用 new 关键字调用构造函数，可以初始化一个新的对象。构造函数可以是内置构造函数，也可以是自定义构造函数。构造函数是通过 this 为对象添加属性的，属性的类型可以为基本类型、对象或函数。

【训练 5-9】使用构造函数 Person()创建对象，代码如下。代码清单为 code5-9.html。

```
let Person = function(name, age) {
    this.name = name;
    this.age = age;
    this.sayName = function() {
        console.log(this.name);
    }
}
//作为构造函数调用 Person()
let person1 = new Person("Frank", 20, "Student");
let person2 = new Person("Mike", 21, "worker");
console.log(person1.sayName === person2.sayName);    //false
person1.sayName();                                   //Frank
//作为普通函数调用 Person()
```

```
Person("Linda", 30);
window.sayName();                              //Linda
//在对象的作用域中调用 Person()
let other = new Object();
Person.call(other, "julia", 25);
other.sayName();                              //julia
```

说明：每个实例方法都会占据一定的内存空间，这样会造成资源浪费；当构造函数作为普通函数使用时，函数内部的 this 会指向 window 对象。

3. 使用原型对象创建

使用原型对象创建对象，是将所有的函数和属性都封装在对象的 prototype 属性中，对象的构建过程可以简单理解为"对原型的复制"。

【训练5-10】使用原型对象创建对象，代码如下。代码清单为 code5-10.html。

```
function Person() {}
Person.prototype = {
    constructor: Person,
    name: "Linda",
    age: 23,
    sayName() {
        return this.name;
    }
}
var person1 = new Person();
var person2 = new Person();
console.log(person1.sayName === person2.sayName);     //true
console.log(person1.name === person2.name);           //true
```

说明：使用原型对象创建的实例，其属性和方法都是相同的，不同的实例会共享原型上的属性和方法；但也存在一个问题，所有实例会共享相同的属性，如果改变其中一个实例的属性值，会引起其他实例的属性值的变化，这并不是我们期望的；由于这个问题的存在，使用原型对象创建对象的方式很少单独使用。

4. 混合使用构造函数和原型对象创建对象

混合使用构造函数和原型对象是目前创建对象最常见的方法。在构造函数中定义实例的属性，在原型对象中定义实例共享的属性和方法。通过构造函数传递参数，这样每个实例都能拥有自己的属性值，同时还能共享方法的引用，从而最大限度地节省内存空间。

【训练5-11】混合使用构造函数和原型对象创建对象，代码如下。代码清单为 code5-11.html。

```
function Person(name, age) {
    this.name = name;
    this.age = age;
}
Person.prototype.sayName = function() {
    return this.name;
}
var person1 = new Person("Nancy", 23);
var person2 = new Person("King", 20);
console.log(person1.sayName === person2.sayName);     //true
console.log(person1.name === person2.name);           //false
```

说明：由于实例 person1 和实例 person2 共享相同的原型上的方法 sayName，因此，此时这两个实例的方法是相同的。而由于实例 person1 和实例 person2 的 name 属性不在原型上，这两个实例分别拥有各自独立的 name 属性值。使用原型对象的好处是节省内存，可以实时地识别、添加或者更改成员。

5. 使用 Object.create()方法创建对象

也可以用 Object.create()方法创建对象。该方法非常有用，它允许为创建的对象选择一个原型对象，而不用定义构造函数。其语法格式如下。

```
Object.create(proto,[propertiesObject])
```

参数说明如下。

- proto 是新创建对象的原型对象。
- propertiesObject 是可选参数，需要传入一个包含若干个属性的对象，其中的属性名为新建对象的属性名，属性值为该属性的属性描述符对象。

【训练 5-12】进行属性和方法的封装，代码如下。代码清单为 code5-12.html。

```
const person = {
    name: "Linda",
    age: 20,
    sayName: function() {
        console.log(`姓名: ${this.name}。年龄: ${this.age}`);
    }
}
let person1 = Object.create(person);
person.name = "张明";
person1.sayName();                //姓名: 张明。年龄: 20
```

5.3.6 管理对象

管理对象主要指监管对象的使用权限和使用安全性。在 JavaScript 中，对象是单独拥有属性和类型的实体。

1. 保护对象

为了防止对象被意外修改，JavaScript 提供了冻结、封装和阻止扩展 3 种机制。

（1）冻结。

使用 Object.freeze()方法可以冻结对象，让对象的所有属性不可改变。

（2）封装。

使用 Object.seal()方法可以封装对象，阻止为对象添加属性、重新配置属性，以及移除已有属性。

（3）阻止扩展。

使用 Object.preventExtensions()方法可以阻止对象被扩展，不能增加新属性。

【训练 5-13】保护一个用来存储程序中固定信息的对象，代码如下。代码清单为 code5-13.html。

```
const appInfo = {
    company: "cvit Software,inc",
```

```
    version: "1.0.0",
    copyright() {
        return `© ${new Date().getFullYear()}, ${this.company}`;
    }
}
console.log(Object.isExtensible(appInfo));      //true
Object.preventExtensions(appInfo);
console.log(Object.isExtensible(appInfo));      //false
Object.freeze(appInfo);
console.log(Object.isFrozen(appInfo));          //true
Object.seal(appInfo);
console.log(Object.isSealed(appInfo));          //true
```

2. 合并对象

Object.assign()方法用于将所有可枚举属性的值从一个或多个源对象分配到目标对象，并返回目标对象。该方法只会复制源对象自身的并且可枚举的属性到目标对象。其语法格式如下。

```
Object.assign(target, ...sources)
```

参数说明如下。

- target 是目标对象。

- sources 是源对象。

【训练 5-14】将所有可枚举属性的值从两个源对象合并到目标对象，代码如下。代码清单为 code5-14.html。

```
const target = {a: 1,b: 2};
const source = {b: 4,c: 5};
const returnedTarget = Object.assign({},target, source);
console.log(target);        //{ a: 1, b: 4, c: 5 }
console.log(returnedTarget); //{ a: 1, b: 4, c: 5 }
```

3. 对象代理

Proxy()用于创建一个对象的代理，从而实现基本操作的拦截和定义，如属性查找、赋值、枚举、函数调用等。其语法格式为如下。

```
const p = new Proxy(target, handler)
```

参数说明如下。

- target 是要代理的目标，即被代理的对象。

- handler 是处理器，可以指定要拦截的动作。

【训练 5-15】利用代理验证向一个对象的传值，代码如下。代码清单为 code5-15.html。

```
let validator = {
    set: function(obj, prop, value) {
        if (prop === 'age') {
            if (!Number.isInteger(value)) {
                throw new TypeError('The age is not an integer');
            }
            if (value > 200) {
                throw new RangeError('The age seems invalid');
            }
        }
        //存储值的默认行为
```

```
            obj[prop] = value;
            //返回表示成功的值
            return true;
        }
};
let person = new Proxy({}, validator);
person.age = 100;
console.log(person.age); //100
setTimeout(function() {
        person.age = 'young'; //Uncaught TypeError: The age is not an integer
}, 5);
person.age = 300; //Uncaught TypeError: The age seems invalid
```

5.3.7 配置对象

JavaScript 中的对象属性有数据属性和存取器属性两种。数据属性以键值对的形式存在（键可以是字符串或者符号，值可以是任意类型的数据），存取器属性是两个方法——getter 和 setter。

使用 defineProperty()或 defineProperies()方法可以直接为一个对象定义新的属性或修改现有属性，并返回该对象。其语法格式如下。

```
Object.defineProperty(obj, prop, descriptor)          //单属性
Object.defineProperties(obj, props)                   //多属性
```

参数说明如下。

- obj 是要定义或修改属性的对象。
- prop 和 props 和要定义可枚举属性或修改属性描述符的对象；对象中的属性描述符主要有数据描述符和访问器描述符两种，如表 5-3 所示。
- descriptor 是要定义或修改的属性描述符。

表 5-3 数据描述符和访问器描述符

描述符	描述
configurable	用于设置属性是否可配置
enumerable	配置属性的可枚举性。若设置为 true，则属性可以通过 for...in 语句遍历到；若配置为 false，则属性不能通过 for...in 语句遍历到
writeable	配置属性的可写性。若设置为 true，则属性可以通过赋值运算符修改；若设置为 false，则属性不能通过赋值运算符修改
value	设置当前属性的值
get	表示属性的 getter 方法，如果没有 getter 方法则其值为 undefined。返回值将被用作属性的值
set	表示属性的 setter 方法，如果没有 setter 方法则其值为 undefined。仅接收参数赋值给属性的新值

Object.defineProperty()方法可以精确地添加或修改对象的属性。使用赋值操作添加的普通属性是可枚举的，在枚举对象属性时它们会被枚举到，可以改变这些属性的值，也可以删

除这些属性。这个方法可以修改默认的额外选项。在默认情况下，使用 Object.defineProperty()
添加的属性值是不可修改的。在 Object.defineProperty()方法的描述中可以定义 getter 与 setter 方
法。但要注意，描述参数中的 value、writable 两个配置项与 get、set 两个配置项不能同时存在。

Object.defineProperties()方法本质上是定义一个对象的可枚举属性相对应的所有属性。可
以使用 Object.getOwnPropertyDescriptor(obj,'color')获取属性描述符。

【训练 5-16】配置一个计数器对象的属性和方法，代码如下。代码清单为 code5-16.html。

```javascript
//定义对象
var obj = {};
Object.defineProperty(obj, "counter", {
    writable: true,
    enumerable: false,
    value: 0
})
//定义 setter 和 getter
Object.defineProperties(obj, {
    "reset": {
        get() {
            this.counter = 0;
        },
        enumerable: false
    },
    "add": {
        set(value) {
            this.counter += value;
        }
    },
    "subtract": {
        set(value) {
            this.counter -= value;
        }
    }
});
//操作计数器对象
obj.reset;
obj.add = 8;
obj.subtract = 1;
console.log(Object.getOwnPropertyDescriptor(obj, 'reset'));    //Object
console.log(obj.counter);          //7
```

5.3.8 原型链

在 JavaScript 中，每个对象都有一个指向其构造函数原型对象的内部指针，因为原型对象也
是对象，所以它也有自己的原型对象；而这个原型对象又通过内部引用指向其原型对象，直到某
个对象的原型对象为 null，这种一级级的链结构称为原型链，原型链的顶端是 Object.prototype。

ECMAScript 约定对象实例必须在内部有该对象的原型，存取这个原型的方法是使用
Object.getPrototypeof()和 Object.setPrototypeof()。早期使用一个特定属性名__proto__访问属性。

1. 获取对象的原型对象

获取对象的原型对象可以使用以下语法格式。

```
Object.getPrototypeOf(object)
```

也可以使用构造器的原型来获取原型对象，语法格式如下。

```
Object.constructor.prototype
```

还可以使用实例对象的__proto__属性直接获取原型对象，语法格式如下（不推荐）。

```
Object.__proto__
```

说明：在大多数情况下，__proto__可以理解为"构造器的原型"，即__proto__ === constructor. prototype，但是使用 Object.create()方法创建新对象是使用现有的对象来提供新创建对象的__proto__。

2. 获取原型对象的原型对象

获取原型对象的原型对象使用的语法格式。

```
Object.getPrototypeOf(Object.getPrototypeOf(object))
```

说明：Object.prototype 的原型对象是 null。

3. 获取函数的原型对象

函数的原型对象指向构造函数 Function()的原型对象，例如 Object.getPrototypeOf(Date)=== Function.prototype。原型对象通过 construct 属性指向构造函数。获取函数的原型对象的语法格式如下。

```
Object.getPrototypeOf(object)
```

【训练 5-17】获取实例对象的所有原型对象，代码如下。代码清单为 code5-17.html。

```
function Person() {}
var obj1 = new Person();
let i = 0,
    obj2 = obj1;
while (obj1 !== null) {
    i++;
    obj1 = Object.getPrototypeOf(obj1);
    console.log(obj1);
}
//Person()    Object()    null
```

由于原型链的存在，在访问对象的属性时，JavaScript 会检查对象自身是否存在。如果存在，则返回相应值。如果不存在，则检查原型链。如果原型链中的某个对象具有指定属性，则返回相应值。如果指定属性不存在，则返回 undefined。

要获取实例的自有属性，推荐使用 Object.hasOwnProperty()，它是 JavaScript 中唯一一个处理属性并且不会遍历原型链的方法。

5.3.9 对象继承

继承是面向对象语言的核心特性之一，JavaScript 使用原型来实现对象继承。继承的最佳效果是可以在不影响父类对象实现的情况下，使子类对象具有父类对象的特性；同时还能在不影响父类对象行为的情况下扩展子类对象独有的特性。实现继承是由无到有的构建过程。

如果希望对象的属性具有默认值，并且希望在运行时能修改这些默认值，应该在对象的原型中设置这些属性，而不是在构造函数中设置。在一般情况下，静态属性写在构造函数中，动态属性和方法写在构造函数原型上。

1. 继承起步

只有了解实现继承的基本方法，才能在 Web 开发中利用继承增强代码的复用性与扩展性。

（1）原型链继承。

原型链继承的实现方法是将父类的实例作为子类的原型。

【训练 5-18】实现原型链继承，代码如下。代码清单为 code5-18.html。

```
function Employee() {
    this.name = "Mike";
}
Employee.prototype.sayName = function() {
    console.log(this.name)
}
function Manager() {
    this.reports = [];
}
Manager.prototype = new Employee(); //核心代码
let xizhang = new Manager();
xizhang.sayName();              //Mike
```

当 JavaScript 执行 new Manager()时，会先创建 xizhang 对象，并将这个对象中的[[prototype]]指向 Manager.prototype，然后将该对象作为 this 的值传递给 Manager()构造函数。

说明：在使用原型链继承创建子类实例时，不能向父类构造函数中传递参数。

（2）借用构造函数继承。

借用构造函数继承的实现方法是使用 call()或 apply()方法复制父类的实例属性和方法给子类。

【训练 5-19】实现借用构造函数继承，代码如下。代码清单为 code5-19.html。

```
function Employee() {
    this.name = "Mike";
}
Employee.prototype.sayName = function() {
    console.log(this.name)
}
function Manager() {
    Employee.call(this); //核心代码
    this.reports = [];
}
let xizhang = new Manager();
console.log(xizhang.name);      //Mike
//xizhang.sayName();    //无法调用sayName()方法，因为它不在构造函数中
```

说明：借用构造函数继承完全没有用到原型，但可以向父类构造函数中传递参数。

2．创建空对象

在 JavaScript 中，空对象是整个原型继承体系的基础。下面介绍空对象的创建方法。

（1）使用 Object.create()方法创建空对象，语法格式如下。

```
var obj = Object.create(null);
var obj = Object.create({})
```

（2）以字面量方式创建空对象，语法格式如下。

```
var obj = {};
```

说明：相当于 Object.create(Object.prototype)。

（3）使用内置构造函数创建空对象，语法格式如下。

```
var obj = new Object();
```

（4）使用自定义构造函数创建空对象，语法格式如下。

```
function Constructor(){}
var obj = new Constructor();
```

3．原型式继承

如果已有一个对象，想在它的基础上创建一个新对象，然后对返回的对象进行适当修改。这样即使不定义构造函数也可以通过原型实现对象之间的信息共享。上述操作的实现代码如下。

```
function object(o) {
    function F() {}
    F.prototype = o;
    return new F();
}
```

【训练 5-20】利用原型式继承创建对象，代码如下。代码清单为 code5-20.html。

```
function object(o) {
    function F() {}
    F.prototype = o;
    return new F();
}
let person = {
    name: "Mike",
    friends: ["Shelby", "Court", "van"]
};
let person1 = object(person);
person1.name = "Jhon";
person1.friends.push("Rob");
console.log(person1.friends);           //Array(4)
console.log(Object.getPrototypeOf(person1));    //Object
```

说明：原型式继承的实现是基于原型链的，因此可以使用 instanceof 关键字判断对象是否是某个类或其子类的实例。

4．类式继承

可以使用 Object.create()来实现类式继承，现有的对象提供新创建的对象原型。这是所有版本的 JavaScript 都支持的单继承。

【训练 5-21】使用 Object.create()来实现类式继承，代码如下。代码清单为 code5-21.html。

```
//Shape——父类（superclass）
function Shape() {
```

```
        this.x = 0;
        this.y = 0;
}
//父类的方法
Shape.prototype.move = function(x, y) {
        this.x += x;
        this.y += y;
        console.info('Shape moved.');
};

//Rectangle——子类（subclass）
function Rectangle() {
        Shape.call(this); //借用构造函数
}
//子类继承父类
Rectangle.prototype = Object.create(Shape.prototype);
//重新指定 constructor
Rectangle.prototype.constructor = Rectangle;

var rect = new Rectangle();
console.log(rect instanceof Rectangle); //true
console.log(rect instanceof Shape); //true
rect.move(1, 1); //'Shape moved.'
```

说明：如果希望继承多个对象，则可以使用 Object.assign()。

5. 寄生式组合继承

寄生式组合继承通过借用构造函数来继承属性，通过原型链形式来继承方法。本质上，就是使用寄生式继承来继承超类型的原型，然后将结果指定给子类型的原型。而寄生式继承主要是创建一个封装基础过程的函数，在该函数内部以某种方式来增强对象，最后返回对象。

【训练 5-22】实现寄生式组合继承，代码如下。代码清单为 code5-22.html。

```
/**function 寄生式组合继承实现函数
 * @param {Object} subType
 * @param {Object} superType
 */
function inheritPrototype(subType, superType) {
        //创建父类原型的副本
        var prototype = Object.create(superType.prototype);
        //修正子类原型的构造函数属性
        prototype.constructor = subType;
        //将子类的原型替换为父类原型的副本
        subType.prototype = prototype;
}
/** function 父类（构造函数）
 * @param {Object} name
 */
function SuperType(name) {
        this.name = name;
        this.colors = ["red", "blue", "green"];
}
```

```
SuperType.prototype.sayName = function() {
    console.log(this.name);
};
/** function 子类（构造函数）
  * @param {Object} name
  * @param {Object} age
  */
function SubType(name, age) {
        //构造函数式继承——在子类构造函数中执行父类构造函数
        SuperType.call(this, name);
        this.age = age;
}
/*核心：因为是对父类原型复制，所以父类的构造函数，不会调用两次父类的构造函数，也就不会造
成浪费*/
    inheritPrototype(SubType, SuperType);
    SubType.prototype.sayAge = function() {
        console.log(this.age);
}
var instance = new SubType("JavaScript", new Date().getFullYear() - 1995);
console.log(`${instance.name}已${instance.age}岁了！`);          //JavaScript 已
27岁了！
    console.log(instance.constructor);               //    SubType(name, age){}
//指向 SubType，如果没有修正原型的构造函数，则会指向父类构造函数
```

说明：寄生式组合继承是实现继承较理想的一种方式。

5.3.10 JavaScript 类

JavaScript 类是定义对象属性和方法的模板，是用来绘制具体对象实例的"蓝图"。为了让 JavaScript 具有类似于其他面向对象编程语言的写法，ECMAScript 2015 引入了 class 和 extends 关键字，以实现类和类的继承。JavaScript 是基于原型的面向对象编程语言，JavaScript 类的语法主要提供标准化的类仿真方式，通过语法糖令程序代码变得简洁。

1. 定义类

类是特殊的函数。定义类有两种主要方式：使用类声明和使用类表达式。这两种方式都使用 class 关键字和花括号，其中类声明的使用受块作用域限制。建议类名的首字母大写，以区别于通过它创建的实例。在默认情况下，类定义中的代码都在严格模式下执行。

类可以包含构造函数、原型方法、getter 方法、setter 方法和静态方法，但这些都是可选的，类定义为空也可以。

实例的属性必须定义在类的方法里，静态属性或原型的数据属性必须定义在类定义的外面。

（1）类声明。

使用类声明定义类的语法格式如下。

```
class name [extends] {
    //class body
}
```

（2）类表达式。

使用类表达式定义类的语法格式如下。

```
const MyClass = class [className] [extends] {
  //class body
};
```

2．定义类构造函数

一个类的类体位于一对花括号中，这是定义类构造函数的位置。类构造函数 constructor() 是一个特殊的方法，用于创建和初始化由类创建的对象。其语法格式如下。

```
class name [extends] {
    constructor(){
        //类实例的初始化设置
    },
    //类方法
}
```

一个类只能拥有一个名为 constructor 的特殊方法，构造函数可以使用 super 关键字来调用父类的构造函数。如果类中没有定义 constructor()方法，会自动创建一个无参数的 constructor()方法，constructor()会隐式地传回对象本身，也就是 this。如果 constructor()显式地返回某个对象，那么使用 new 调用类的结果就会是该对象。

调用类构造函数必须使用 new 关键字，否则会抛出错误。在默认情况下，类构造函数会在执行之后返回 this 对象。

3．定义类方法

类方法是指在类体中定义的方法，具体包括 getter 方法、setter 方法、原型方法和静态方法等。创建类方法的语法与创建对象方法的语法相同。

（1）getter 方法和 setter 方法。

类定义支持获取和设置访问器，如果想在类属性返回之前或在设置之前对其做一些特殊处理，使用 getter 方法和 setter 方法是非常好的选择，其使用方法与普通对象一样。

（2）原型方法。

原型方法是一种把方法名直接赋给函数的简写方法。

【训练 5-23】定义 Rectangle 类的构造函数和动态方法，代码如下。代码清单为 code5-23.html。

```
class Rectangle {
    //定义构造函数
    constructor(height, width) {
        this.height = height;
        this.width = width;
    }
    //定义获取器
    get area() {
        return this.calcArea()
    }
    //定义方法
    calcArea() {
        return this.height * this.width;
```

```
    }
}
const square = new Rectangle(10, 10);
console.log(square.area);              //100
//静态属性或原型的数据属性必须定义在类定义的外面
Rectangle.staticWidth = 20;
Rectangle.prototype.prototypeWidth = 25;
```

（3）静态方法。

static 关键字用来定义类的静态方法。调用静态方法不需要实例化类，但不能通过类实例调用静态方法。静态方法通常用于为应用程序创建工具函数。

【训练 5-24】在类 Point 中定义 distance()静态方法，代码如下。代码清单为 code5-24.html。

```
class Point {
    constructor(x, y) {
        this.x = x;
        this.y = y;
    }
    static displayName = "point";
    static distance(a, b) {
        const dx = a.x - b.x;
        const dy = a.y - b.y;
        return Math.hypot(dx, dy);
    }
}
const p1 = new Point(5, 5);
const p2 = new Point(10, 10);
p1.displayName;                        //undefined
p1.distance;                           //undefined
console.log(Point.displayName);        //"Point"
console.log(Point.distance(p1, p2));   //7.0710678118654755
```

（4）绑定 this。

在 JavaScript 中，函数的 this 关键字是在函数被调用时确定的，它的指向完全取决于函数调用的地方，而不是它被声明的地方（箭头函数除外）。当函数作为对象里的方法被调用时，this 指向调用该函数的对象。可以通过 call()、apply()和 bind()方法指定 this 的值。在全局执行环境中 this 绑定到全局对象上，在严格模式下，如果进入执行环境时没有指定 this 的值，this 则绑定到 undefined 上。类体内部的代码总是在严格模式下执行，如果调用类的静态方法或原型方法时没有指定 this 的值，那么方法内的 this 将被赋值为 undefined。

【训练 5-25】用原型方法和静态方法绑定 this，代码如下。代码清单为 code5-25.html。

```
class Animal {
    speak() {
        return this;
    }
    static eat() {
        return this;
    }
}
let obj = new Animal();
console.log(obj.speak());              //Animal {}
```

```
let speak = obj.speak;
console.log(speak());              //undefined
console.log(Animal.eat());        //class Animal{...}
let eat = Animal.eat;
console.log(eat());               //undefined
```

（5）字段声明。

公有字段声明使用 JavaScript 字段声明语法。通过预先声明字段，类定义变得更加自我记录，并且字段始终存在。

私有字段的声明可以通过在字段前加"#"来实现。

【训练 5-26】在类中声明字段，代码如下。代码清单为 code5-26.html。

```
class Rectangle {
    height = 0;
    #width;
    constructor(height, width) {
        this.height = height;
        this.#width = width;
    }
}
let rec = new Rectangle(20, 40);
console.log(rec.height);
//console.log(rec.#width);
//Uncaught SyntaxError: Private field '#width' must be declared in an encl
osing class
```

私有字段只能在类中读取或写入。通过定义在类外部的不可见内容，可以确保类的用户不会依赖于类的内部，因为类的内部可能会发生变化。

4．实例化类

当每次通过 new 调用类标识符时，都会执行类构造函数。在这个函数内部，可以为新创建的实例添加自有属性。在构造函数执行后，仍然可以给实例添加新成员。

【训练 5-27】实例化类，代码如下。代码清单为 code5-27.html。

```
class Person {
    constructor() {
        this.name = new String("Jack");
        this.sayName = () => console.log(this.name);
        this.nicknames = ['Jake', 'A-J'];
    }
}
let p1 = new Person(),
    p2 = new Person();
p1.name = p1.nicknames[0];
p2.name = p2.nicknames[1];
p1.sayName();              //Jake
p2.sayName();              //A-J
console.log(p1 === p2);  //false
```

5．继承类

使用 extends 关键字可以继承任何拥有[[constructor]]和原型的对象。这意味着不仅可以继承类，也可以继承普通的构造函数。使用 extends 实现继承相较于原型链的方式更加直观。

extends 关键字用于类声明或者类表达式中，以创建一个子类。其语法格式如下。

```
class ChildClass extends ParentClass { ... }
```

参数说明如下。

- ParentClass 可以是普通类、内置对象，可以像扩展普通类一样扩展 null，但是新对象的原型将不会继承 Object.prototype ()。

子类的方法可以通过 super 关键字引用它们的原型。super 关键字只能在子类中使用，而且仅限于构造函数、原型方法和静态方法内部。super 关键字用于访问和调用对象的父类方法，其语法格式如下。

```
super([arguments]);
//调用父对象/父类的构造函数
super.functionOnParent([arguments]);
//调用父对象/父类的方法
```

在子类构造函数中使用 super 时，不能在调用 super()之前引用 this，否则在实例化类时会抛出错误。这是因为子类实际上并没有自己的 this 对象，它的 this 对象是通过继承父类的 this 对象获取的。

【训练 5-28】使用 extends 实现类的继承，代码如下。代码清单为 code5-28.html。

```
class Animal {
    constructor(name) {
        this.name = name;
    }
    speak() {
        console.log('${this.name} makes a noise.');
    }
}
class Dog extends Animal {
    constructor(name) {
        super(name);      //调用超类构造函数并传入 name 参数
    }
    speak() {
        console.log('${this.name} barks.');
    }
}
var d = new Dog('Mitzie');
d.speak();                 //'Mitzie barks.'
```

5.3.11 内置对象

在 JavaScript 中，几乎所有的对象都是 Object 类型的实例，Object 是原型链上的顶层对象，Function()是所有对象类型的构造函数。常用的内置对象有 Object、String、Number、Boolean、Date、Math、Array、RegExp、Function、Map、Set、Proxy、JSON 等，这些内置对象为开发者提供了许多经常使用的功能。

V5-1 内置对象

5.4 任务实现

编写 HTML 文件、CSS 文件、JavaScript 脚本文件来实现模态对话框的功能，效果如图 5-6 所示。

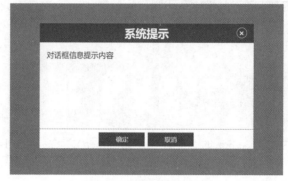

图 5-6　模态对话框效果

5.4.1　编写 HTML 文件

1. 创建站点

新建项目文件夹 chapter5，在该文件夹中新建 css 和 js 文件夹，分别用于放置 CSS 样式表文件和 JavaScript 脚本文件。

V5-2　编写
HTML 文件

2. 编写 index.html 文件

在项目文件夹下新建 index.html 文件，依据 HTML5 规范编写该文件，设置网页标题为"设计模态对话框效果"。代码如下。

```
<!DOCTYPE html>
<html>
<head>
    <meta charset = "utf-8">
    <title>设计模态对话框效果</title>
    <link rel = "stylesheet" href = "./css/style.css">
</head>
<body>
    <div class = "modal" tabindex = "0">
        <div class = "modal-mask">
            <div class = "modal-container">
                <header class = "modal-header">
                    <h2>系统提示</h2><i class = "dpn-close">&times;</i>
                </header>
                <section class = "modal-body">对话框信息提示内容</section>
                <footer class = "modal-footer">
                    <div class = "dpn-handle">
                        <button class = "dpn-close" index = "0">确定</button>
```

```
                          <button class = "dpn-close" index = "1">取消</button>
                   </div>
              </footer>
          </div>
      </div>
  </div>
  <button class = "top-btn">打开对话框</button>
  <script src = "./js/dialog.js"></script>
  <script>
      var myDialog = ModalPlugin(".modal");
      myDialog.$(".top-btn").addEventListener('click', function() {
          myDialog.open();
      }, false)
  </script>
</body>
</html>
```

5.4.2 编写 CSS 文件

在 css 文件夹中，创建并编写 style.css 样式表文件。代码如下。

V5-3 编写 CSS
文件

```
* {
    margin: 0;
    padding: 0;
}
header,section,footer {
    display: block;
}
html,body {
    position: relative;
    width: 100%;
    height: 100%;
}
.modal {
    display: none;
}
.modal .modal-mask {
    position: fixed;
    width: 100%;
    height: 100%;
    top: 0;
    right: 0;
    bottom: 0;
    left: 0;
    background: rgba(73, 74, 105, .8);
    color: #fff;
    display: flex;
    flex-flow: row nowrap;
    justify-content: center;
```

```
        align-items: center;
        z-index: 999;
    }
    .modal .modal-container {
        position: absolute;
        width: 460px;
        height: 260px;
        background: #fff;
        z-index: 1000;
        color: #000;
    }
    .modal .modal-container header {
        position: relative;
        height: 40px;
        background: #809;
    }
    .modal .modal-container h2 {
        text-align: center;
        color: #fff;
        height: 40px;
        line-height: 40px;
    }
    .modal header>i {
        position: absolute;
        top: 8px;
        right: 15px;
        font-style: normal;
        font-weight: 700;
        color: #fff;
        width: 20px;
        height: 20px;
        text-align: center;
        line-height: 18px;
        border-radius: 11px;
        border: 1px #fff solid;
        user-select: none;
    }
    .modal header>i:hover {
        cursor: pointer;
    }
    .modal .modal-body {
        padding: 15px;
    }
    .modal footer {
        position: absolute;
        bottom: 0;
        border-top: 1px #089 solid;
        width: 100%;
        height: 40px;
        text-align: center;
```

```
        line-height: 40px;
}
.modal footer button {
        width: 100px;
        height: 30px;
        line-height: 30px;
        text-align: center;
        outline: none;
        background: #809;
        border: 1px #fff solid;
        color: #fff;
}
.modal footer button:hover {
        cursor: pointer;
}
.top-btn {
        position: absolute;
        left: 50%;
        top: 50%;
        transform: translate(-50%, -50%);
        width: 160px;
        height: 40px;
        line-height: 40px;
        text-align: center;
        background: #809;
        color: #fff;
        font-size: 1.2em;
        outline: none;
        border: 1px #fff solid;
        user-select: none;
}
```

5.4.3 编写 JavaScript 脚本文件

在 js 文件夹中，新建 dialog.js 文件，在该文件中编写代码，实现模态对话框的功能。代码如下。

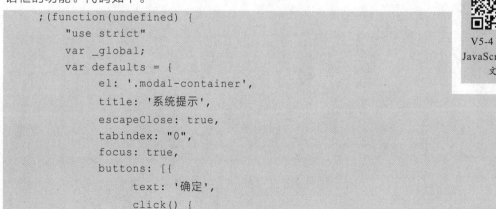

V5-4 编写
JavaScript 脚本
文件

```
;(function(undefined) {
    "use strict"
    var _global;
    var defaults = {
        el: '.modal-container',
        title: '系统提示',
        escapeClose: true,
        tabindex: "0",
        focus: true,
        buttons: [{
            text: '确定',
            click() {
```

```
                this.close()
            }
        }, {
            text: '取消',
            click() {
                this.close()
            }
        }]
    };
    //对话框构造函数
    function ModalPlugin(el, opts) {
        return new init(el, opts);
    }

    ModalPlugin.prototype = {
        constructor: ModalPlugin,
        ini(ele) {
            //获取对话框容器
            this.el = this.$(ele);
            //获取对话框
            this.dialog = this.$(this.options.el);
            //设置对话框标题
            this.$('header>h2', this.dialog).innerHTML = this.options.title;
            //基于事件委托，完成单击事件的处理
            this.el.addEventListener('click', (ev) => {
                let target = ev.target,{tagName,className} = target;
                //为对话框标题栏中的按钮添加关闭功能
                if (tagName === 'I' && className.includes('dpn-close')) {
                    this.close()
                    return
                }
                //为对话框底部按钮添加关闭功能
                if (tagName === 'BUTTON' && className.includes('dpn-
close')) {
                    let index = target.getAttribute('index')
                    let func = this.options.buttons[index]['click']
                    if (this.is(func, 'function')) {
                        func.call(this)
                    }
                    return
                }
            }, false);
            //为对话框容器添加 keydown 事件
            this.el.addEventListener('keydown', (ev) => {
                if (this.options.escapeClose && ev.which == 27) {
                    this.close();
                }
            }, false);
```

```
        },
        //公共函数
        $(sel, ele = document) {
            return ele.querySelector(sel);
        },
        is(obj, type) {
            return Object.prototype.toString.call(obj).toLowerCase() ===
("[object " + type + "]");
        },
        open() {
            this.el.style.display = "block";
            this.dialog.style.display = "block";
            this.fire('open') //通知 open()方法执行成功
            if (this.options.focus) {
                this.el.setAttribute('tabindex', '0');
                this.el.focus();
            }
        },
        close() {
            this.el.style.display = "none";
            this.dialog.style.display = "none";
            this.fire('close') //通知 close()方法执行成功
        },
        //向事件池中订阅方法
        on(type, func) {
            let arr = this.pond[type]
            if (arr.includes(func)) return
            arr.push(func)
        },
        //通知事件池中的方法执行
        fire(type) {
            let arr = this.pond[type]
            arr.forEach(item => {
                if (typeof item === 'function') {
                    item.call(this)
                }
            })
        }
    }
    //对话框初始化函数
    function init(el, opts) {
        this.options = Object.assign({}, defaults, opts);
        this.pond = {
            close: [],
            open: []
        }
        this.ini(el);
    }
    init.prototype = ModalPlugin.prototype;
```

155

```
//将插件对象暴露给全局对象
_global = (function() {
    return this || (0, eval)('this');
}());

if (typeof module !== "undefined" && module.exports) {
    module.exports = ModalPlugin;
} else if (typeof define === "function" && define.amd) {
    define(function() {
        return ModalPlugin;
    });
} else {
    !('ModalPlugin' in _global) && (_global.ModalPlugin = ModalPlugin);
}
}());
```

5.5 任务拓展——设计基于类的模态对话框效果

5.5.1 任务描述

根据用户需求，需要设计一款基于类的模态对话框，在用户界面中为用户提供信息显示，在需要的时候获得用户响应。

5.5.2 任务要求

利用本单元所学的关键知识和技术，根据模态对话框功能的实现原理，编写网页的 HTML 文件、CSS 文件和 JavaScript 脚本文件（在 JavaScript 脚本文件中，使用 class 创建对话框类并为对话框类添加属性和方法），完成模态对话框效果的设计。

5.6 课后训练

为了给用户提供更好的显示效果和操作体验，设计一款带动画效果的 JavaScript 模态对话框。设计要求：动画效果自行设计，模态对话框的界面设计美观、大方，动画效果流畅美观，操作快捷方便，能够发挥出模态对话框的作用。

【归纳总结】

本单元主要介绍了面向对象编程的基本概念、JavaScript 对象，重点阐述了创建对象、管理对象和使用对象的方法，完成了模态对话框效果的设计。通过对本单元的学习，学生可以进一步加强对面向对象编程的理解，掌握面向对象程序设计方法。对单元内容的归纳总结如

图 5-7 所示。

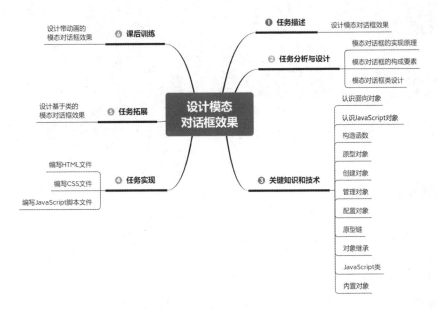

图 5-7　归纳总结

单元6
设计网页轮播图效果

06

【单元目标】

1. 知识目标
- 了解动画制作原理；
- 掌握使用 JavaScript 制作动画的方法和技术。

2. 技能目标
- 通过编写 HTML 文件、CSS 文件和 JavaScript 脚本文件，能够完成网页轮播图效果设计。

3. 素养目标
- 弘扬工匠精神，努力做到爱岗敬业、精益求精。

【核心内容】

本单元的核心内容如图 6-1 所示。

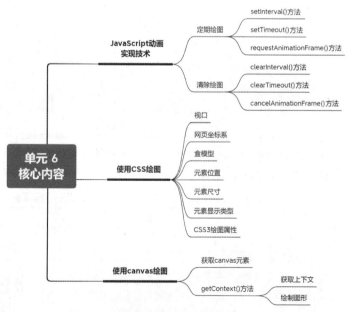

图 6-1　单元 6 核心内容

6.1 任务描述

在商业网站中，热销产品、主推产品、新品上架等相关的精美图片通过轮播方式展示给浏览者，这样可以起到非常好的宣传、推广作用。在政府新闻等相关网站中，占据首页视觉黄金区域的大幅轮播宣传图片，可以起到吸引浏览者关注的作用。

目前大多数网站都设有自动轮播的广告图，图片在设定的时间内进行自动切换。轮播图是很多类型网站的"标配"，也是网站的一大看点和亮点。高效、便捷地设计轮播图成了前端工程师的基本功。

本单元的主要任务是利用 JavaScript 脚本来实现轮播图的水平切换效果。

6.2 任务分析与设计

轮播图的主要功能是吸引浏览者的关注和在有限空间内提升用户阅读效率。充分利用网页的轮播图效果，能够加强网站传递信息的能力，达到事半功倍的效果。在默认情况下，轮播图循环向左滚动轮换播放。如果单击其下方的焦点按钮，会直接显示焦点按钮指向的图片。

6.2.1 动画原理

人们在看画面时，画面会在大脑视觉神经中停留大约 1/24 秒，如果每秒播放 24 个画面或更多，那么前一个画面还没在人脑中消失，下一个画面就进入人脑，这样人们就会觉得画面动起来了。

轮播效果是通过一幅幅静止的、不同内容的画面快速播放产生的，是利用视觉暂留原理实现的动画效果。

6.2.2 轮播效果的实现过程

轮播可以实现在同一个广告位投放多个广告，这些广告按照一定的规则进行循环展示，根据固定时间切换展示广告或在用户刷新页面后切换广告。轮播效果的实现过程如下。

（1）加载页面，获取轮播图容器，在其中放置图片列表、切换焦点索引列表，定义定时器变量，设置切换下标。

（2）定义切换图片函数。

（3）添加定时器，每隔 2 秒调用一次切换图片函数。

（4）添加手动切换事件。当鼠标指针位于切换焦点时，图片停止切换；当鼠标指针离开切换焦点后，图片继续切换。

6.3 关键知识和技术——JavaScript 动画

制作动画效果是前端工程师必备的技能，好的动画效果能够极大地提高用户体验，增强交互效果。HTML 中的动画主要使用 JavaScript 实现，具体包括使用 window.requestAnimationFrame() 和 CSS animation 实现动画效果、使用 CSS transitions 实现过渡效果、使用 canvas 绘图等。

6.3.1 JavaScript 动画实现技术

要在计算机上实现动画效果，除绘图外，还需要解决定期绘图和清除绘图两个问题。

1. 定期绘图

定期绘图是指每隔一段时间就调用绘图函数进行绘图。动画效果是通过多次绘图实现的，一次绘图只能实现静态图像效果。可以使用 setInterval()、setTimeout()或 requestAnimation Frame()方法实现定期绘图。

（1）使用 setInterval()方法。

使用 setInterval()方法设置一个定时器，重复调用一个函数或执行一段代码，在每两次调用或执行之间有固定的时间延迟。此方法的语法格式如下。

```
var intervalID = setInterval(func, [delay, arg1, arg2, ...]);
var intervalID = setInterval(code, [delay]);
```

参数说明如下。

- func 表示要重复调用的函数。
- code 为可选参数，可以传递一个字符串来代替一个函数对象（不推荐）。
- delay 是每次延迟的毫秒数。如果这个参数值小于 10，则默认使用 10。
- arg1, arg2, ...为可选参数，当定时器过期的时候，将作为参数被传递给 func 指定的函数。
- intervalID 是一个非零数值，用来标识使用 setInterval()方法创建的计时器。

（2）使用 setTimeout()方法。

使用 setTimeout()方法设置一个定时器，该定时器在到期后执行一个函数或指定的一段代码。此方法的语法格式如下。

```
var timeoutID = setTimeout(function[, delay, arg1, arg2, ...]);
var timeoutID = setTimeout(code[, delay]);
```

参数说明如下。

- function 是想要在到期之后执行的函数。
- code 为可选参数，其值可以为字符串（不推荐）。
- delay 为可选参数，是延迟的毫秒数（1 秒等于 1000 毫秒）。
- arg1, arg2, ...为可选参数，一旦定时器到期，它们会作为参数传递给 function 指定的函数。

- timeoutID 是一个正整数，表示定时器的编号。

（3）使用 requestAnimationFrame()方法。

window.requestAnimationFrame() 方法用于告诉浏览器希望绘制一个动画，并且要求浏览器在下次重绘动画之前调用指定的回调函数更新动画。该方法需要传入一个回调函数作为参数，该回调函数会在浏览器下一次重绘动画之前执行。此方法的语法格式如下。

```
var rafId = window.requestAnimationFrame(callback);
```

参数说明如下。

- callback 表示下一次重绘之前更新动画所调用的函数，即回调函数。
- rafId 是一个 long 类型的整数，是回调列表中唯一的标识。

window.requestAnimationFrame()优于 setTimeout()和 setInrerval()的地方在于它是由浏览器专门为动画提供的 API，在程序运行时浏览器会自动调用该方法，并且如果动画不是激活状态，浏览器会自动暂停执行该方法，以节省 CPU。

2．清除绘图

要想使绘制的图形产生动画效果，还要清除先前绘制的所有图形。对于使用不同的绘制方法绘制的图形，清除方法也不同。

（1）使用 clearInterval()方法。

clearInterval()方法用于取消先前使用 setInterval()设置的重复定时任务。其语法格式如下。

```
clearInterval(intervalID)
```

参数说明如下。

- intervalID 是要取消的定时器的 ID，由 setInterval()返回。
- 返回值为 undefined。

（2）使用 clearTimeout()方法。

clearTimeout()方法用于取消先前使用 setTimeout()创建的定时器。其语法格式如下。

```
clearTimeout(timeoutID)
```

参数说明如下。

- timeoutID 是要取消的定时器的标识符，由相应的 setTimeout()返回。
- 返回值为 undefined。

说明：由于 setInterval()和 setTimeout()两个方法共用其定义的定时器 ID，当取消定时任务时，可以使用 clearInterval()或 clearTimeout()中的任意一个。然而，为了使代码可读性更强，建议 setInterval()方法使用 clearInterval()方法取消定时，setTimeout()方法使用 clearTimeout()方法取消定时。

（3）使用 cancelAnimationFrame()方法。

取消一个先前使用 window.requestAnimationFrame()方法添加到计划中的动画帧请求。其语法格式如下如下。

```
window.cancelAnimationFrame(requestID);
```

参数说明如下如下。

- requestID 是调用 window.requestAnimationFrame()方法时返回的 ID。

【训练 6-1】制作一个简单的计时器，代码如下。代码清单为 code6-1.html。

```html
<!DOCTYPE html>
<html lang = "zh">
<head>
    <meta charset = "UTF-8">
    <title></title>
</head>
<body>
    <body>
        <div id = "txt"></div>
        <script>
            document.addEventListener('DOMContentLoaded', startTime(), false);
            function startTime() {
                var today = new Date();
                var h = today.getHours();
                var m = today.getMinutes();
                var s = today.getSeconds();
                m = checkTime(m);
                s = checkTime(s);
                document.getElementById('txt').innerHTML =
                    h + ":" + m + ":" + s;
                var t = setTimeout(startTime, 500);
            }
            function checkTime(i) {
                if (i < 10) {
                    i = "0" + i
                };                      //在小于 10 的数字前面加 0
                return i;
            }
        </script>
    </body>
</html>
```

【训练 6-2】制作小球按照椭圆形轨迹运动的效果，代码如下。代码清单为 6-2.html。

```html
<!DOCTYPE html>
<html>
<head>
    <meta charset = "utf-8">
    <title></title>
    <style>
        .circle {
            position: absolute;
            width: 50px;
            height: 50px;
            border-radius: 25px;
            background: #f00;
        }
        .bd {
            position: relative;
            top: 180px;
            left: 325px;
            width: 400px;
            height: 100px;
            border: 1px #666 solid;
            border-radius: 200px /50px;
        }
```

```
        </style>
    </head>
<body>
    <div class = "bd">
        <div class = "circle"></div>
        <div class = "o"></div>
    </div>
    <script>
        let circle = document.querySelector(".circle");
        let angle = Math.PI / 2;
        function animate(time, lastTime) {
            if (lastTime != null) {
                angle += (time - lastTime) * 0.001;
            }
            circle.style.top = 25 + (Math.sin(angle) * 50) + 'px';
            circle.style.left = 180 + (Math.cos(angle) * 200) + 'px';
            rafID = requestAnimationFrame(newTime => animate(newTime, time))
            if (angle > 20) {
                cancelAnimationFrame(rafID);
            }
        }
        var rafID = requestAnimationFrame(animate);
    </script>
</body>
</html>
```

6.3.2 使用 CSS 绘图

要使用 CSS 绘图，必须要掌握与 CSS 相关的基础知识。

1. 视口

视口代表当前可见的计算机图形区域。在 Web 浏览器中，视口通常与浏览器窗口相同，但不包括浏览器的用户界面、菜单栏等。

通常情况下，网页的尺寸由网页内容和 CSS 样式表决定。如果网页的内容能够在浏览器窗口中全部显示（也就是不出现滚动条），那么网页的大小和浏览器窗口的大小是相等的；如果网页的内容不能全部显示，则滚动滚动条才可以查看网页的全部内容。

2. 网页坐标系

在 Web 技术中，通常来讲，相对于坐标原点，沿 x 轴向右为正值、向左为负值，沿 y 轴向下为正值、向上为负值。

视口坐标以浏览器左上角的顶点为坐标原点，横坐标与纵坐标分别用 clientX 和 clientY 表示。页面坐标以文档窗口左上角的顶点为坐标原点，横坐标与纵坐标分别用 pageX 和 pageY 表示。屏幕坐标是相对于显示器屏幕的坐标，横坐标与纵坐标分别用 screenX 和 screenY 表示。

3. 盒模型

盒模型，也称框模型。在 HTML 中，一切皆为盒子，每一个可感知的元素都会在浏览器中生成一个矩形区域，每个区域都包含 4 个矩形，从外向内依次是 margin、border、padding 和 content。需要注意的是，可以通过 box-sizing 属性改变盒子尺寸的计算规则。

每一个文档中的元素都会根据盒子产生 0 个或多个框，这些框的布局受下面几个因素的影响。

（1）盒子的尺寸和类型（行内框或块框）。

（2）定位模式（文档流、浮动、绝对定位）。

（3）文档树中的元素间的关系。

（4）外部信息（视口大小、图片真实尺寸等）

4．元素位置

网页元素在浏览器窗口中的位置是一种表示性的信息。位置信息通常使用 CSS 设置，位置属性 position 的合法值有 static、relative、fixed、absolute 和 sticky。

网页元素的位置分为绝对位置和相对位置。网页元素的绝对位置是指元素的左上角相对于整个网页左上角的坐标，需要通过计算才能得到，在计算时需要使用当前元素的父元素为参考点。网页的相对位置是指元素左上角相对于浏览器窗口左上角的坐标。

在对元素进行定位时，元素之间可以重叠。z-index 属性用于指定元素的堆叠顺序。具有较高堆叠顺序的元素始终位于具有较低堆叠顺序的元素之前。

5．元素尺寸

元素尺寸主要包括偏移尺寸、客户端尺寸、滚动尺寸，均由宽度和高度构成。

偏移尺寸是元素在页面中的视觉空间，包括所有内边距、滚动条和边框。客户端尺寸是指元素内部的空间，不包含滚动条占用的空间。滚动尺寸指元素中内容滚动的距离。

6．元素显示类型

使用 display 属性可以设置元素的外部和内部显示类型。元素的外部显示类型决定元素在流式布局中的表现，元素的内部显示类型可以控制其子元素的布局。

display 属性使用关键字指定。将 display 设置为 none，会将元素从可访问性树中移除，这会导致该元素及其所有子元素不再被屏幕阅读技术访问。将 display 设置为 block，会将元素设置为块级元素，块级元素总是从新行开始，并占据可用的全部宽度（尽可能向左和向右伸展）。

7．CSS3 绘图属性

CSS3 中和绘图有关的属性有 3 个：transform、transition 和 animation。

（1）transform 属性。

可以使用 transform（变形）属性旋转、缩放、倾斜或平移给定元素。transform 属性的具体介绍如表 6-1 所示。

表 6-1　transform 属性的具体介绍

属性值	描述
rotate(a)	按照指定角度旋转
skew(x,y)	沿着 x 轴和 y 轴倾斜
scale(x,y)	横向和纵向放大
translate(x, y)	横向和纵向移动
matrix(a, c, b, d, tx, ty)	a：x 轴缩放比例。b：y 轴倾斜。c：y 轴缩放比例。d：x 轴倾斜。tx、ty：基于 x 和 y 坐标重新定位元素

（2）transition 属性。

可以使用 transition（过渡）为元素定义在不同状态之间切换时的过渡效果。transition 属性的具体介绍如表 6-2 所示。

表 6-2　transition 属性的具体介绍

属性值	描述
transition-property	执行变换的属性
transition-duration	变换延续的时间
transition-timing-function	用来指定元素转换过程的持续时间
transition-delay	设置多长时间后开始执行过渡效果

（3）animation 属性。

animation（动画）属性用来指定一组或多组动画，每两组动画之间用逗号分隔。animation 属性的具体介绍如表 6-3 所示。

表 6-3　animation 属性的具体介绍

属性值	描述
animation-name	检索或设置对象应用的动画名称
animation-duration	检索或设置对象动画的持续时间
animation-timing-function	检索或设置对象动画的过渡类型
animation-delay	检索或设置对象动画延迟的时间
animation-iteration-count	检索或设置对象动画的循环次数
animation-direction	检索或设置对象动画在循环中是否进行反向运动
animation-play-state	检索或设置对象动画的状态

【训练 6-3】制作单击后小球的跟随动画，代码如下。代码清单为 code6-3.html。

```html
<!DOCTYPE html>
<html>
<head>
    <meta charset = "utf-8">
    <title>单击小球跟随</title>
    <style>
        #foo {
            position: absolute;
            border-radius: 50px;
            width: 50px;
            height: 50px;
            background: #c00;
            top: 0;
            left: 0;
            transition: all 1s;
        }
    </style>
</head>
```

```
<body>
    <div id="foo"></div>
    <script>
        var f = document.getElementById('foo');
        document.addEventListener('click', function(ev) {
            f.style.left = (ev.clientX - 25) + 'px';
            f.style.top = (ev.clientY - 25) + 'px';
        }, false);
    </script>
</body>
</html>
```

6.3.3　使用 canvas 绘图

还可以使用 canvas 在浏览器上绘图，并利用其 API 制作动画效果。canvas 应用的地方非常多，尤其是 H5 游戏。canvas 比原生 JavaScript 的效率高得多，也流畅得多。利用画笔，能够轻松地实现很多动画效果。

在 HTML5 canvas 中制作动画效果，需要绘制出每一帧的图像，然后在极短的时间内从某一帧过渡到下一帧，形成动画效果。

使用 canvas 绘图，先要获取 HTML5 的 canvas 元素的引用，然后利用 canvas 元素的 getContext()方法获得渲染上下文，再利用 canvas 元素的 getContext()方法提供的绘画功能，绘制出形状、文本、图像和其他对象。getContext()方法需要接受一个参数，即上下文的类型。绘制 2D 图形上下文的类型为"2d"，绘制 3D 图形上下文的类型为"WebGL"。

【训练 6-4】制作循环全景照片效果，代码如下，代码清单为 code6-4.html。

```
<!DOCTYPE html>
<html>
<head>
    <meta charset = "utf-8">
    <title></title>
</head>
<body>
    <canvas id = "canvas" width = "800" height = "198"></canvas>
    <script>
        var img = new Image();
        img.src = 'images/Capitan_Meadows,_Yosemite_National_Park.jpg';
        var CanvasXSize = 800,
            CanvasYSize = 200,
            speed = 20,
            scale = 1.05,
            y = -4.5; //垂直偏移
        //主程序
        var dx = 0.75,
            imgW, imgH, x = 0,
            clearX, clearY, ctx;
        img.onload = function() {
            imgW = img.width * scale;
```

```
                imgH = img.height * scale;
                if (imgW > CanvasXSize) {
                        x = CanvasXSize - imgW;
                        clearX = imgW;
                } else {
                        clearX = CanvasXSize;
                }
                if (imgH > CanvasYSize) {
                        clearY = imgH;
                } else {
                        clearY = CanvasYSize;
                }
                //获取 canvas 上下文
                ctx = document.getElementById('canvas').getContext('2d');
                //设置刷新速率
                return setInterval(draw, speed);
        }
        function draw() {
                ctx.clearRect(0, 0, clearX, clearY); //清除画布内容
                if (imgW <= CanvasXSize) {
                        //重置，从头开始
                        if (x > CanvasXSize) {
                                x = -imgW + x;
                        }
                        //绘制第一幅图
                        if (x > 0) {
                                ctx.drawImage(img, -imgW + x, y, imgW, imgH);
                        }
                        //绘制第二幅图
                        if (x - imgW > 0) {
                                ctx.drawImage(img, -imgW * 2 + x, y, imgW, imgH);
                        }
                } else {
                        if (x > (CanvasXSize)) {
                                x = CanvasXSize - imgW;
                        }
                        if (x > (CanvasXSize - imgW)) {
                                ctx.drawImage(img, x - imgW + 1, y, imgW, imgH);
                        }
                }
                //绘制图像
                ctx.drawImage(img, x, y, imgW, imgH);
                //移动量
                x += dx;
        }
    </script>
</body>
</html>
```

6.4　任务实现

网页轮播图效果要通过编写 HTML 文件、CSS 文件、JavaScript 脚本文件来实现，效果如图 6-2 所示。

图 6-2　网页轮播图效果

6.4.1　编写 HTML 文件

1. 创建站点

新建项目文件夹 chapter6，在该文件夹中新建 css、img 和 js 文件夹，分别用于放置 CSS 样式表文件、图片文件和 JavaScript 脚本文件。

2. 编写 index.html 文件

在项目文件夹下新建 index.html 文件，依据 HTML5 规范编写该文件，设置网页标题为"设计网页轮播图效果"。代码如下。

V6-1　编写
HTML 文件

```
<!DOCTYPE html>
<html lang = "zh">
<head>
    <meta charset = "UTF-8">
    <meta name = "viewport" content = "width=device-width, initial-scale=1.0">
    <meta http - equiv = "X-UA-Compatible" content = "ie=edge">
    <title>设计网页轮播图效果</title>
    <link rel = "stylesheet" href = "./css/carousel.css">
</head>
<body>
    <div class = "carousel">
        <ul>
            <li><a href = "#"><img src = "./img/1.jpg" alt = "品牌盛宴" title =
"品牌盛宴"></a></li>
            <li><a href = "#"><img src = "./img/2.jpg" alt = "邂逅潮流" title =
"邂逅潮流"></a></li>
            <li><a href = "#"><img src = "./img/3.jpg" alt = "大牌男装" title =
"大牌男装"></a></li>
            <li><a href = "#"><img src = "./img/4.jpg" alt = "超市购物" title =
```

```
"超市购物"></a></li>
                <li><a href = "#"><img src = "./img/5.jpg" alt = "分期免息" title =
"分期免息"></a></li>
        </ul>
        <ol class = "points">
            <li></li>
            <li></li>
            <li></li>
            <li></li>
            <li></li>
        </ol>
    </div>
    <script src = "./js/carousel.js"></script>
</body>
</html>
```

6.4.2 编写 CSS 文件

在 css 文件夹中，创建并编写 carousel.css 样式表文件。代码如下。

V6-2 编写 CSS
文件

```
/* 清除标签的默认边距和填充 */
body,ul,li,ol,img {
    margin: 0;
    padding: 0;
}
/* 清除 li 标签前面的小圆点 */
li {
    list-style-type: none;
}
/* 设置图片的属性 */
img {
    width: 100%;
    height: auto;
    border: none;
}
/* 轮播图最外层盒子 */
.carousel {
    position: relative;
    width: 1180px;
    height: 500px;
    overflow: hidden;
    margin: 0 auto;
}
.carousel ul li {
    position: absolute;
    width: 100%;
    left: 0;
    top: 0;
}
/* 焦点框盒子 */
.carousel ol {
    position: absolute;
```

```
        left: 50%;
        bottom: 20px;
        transform: translateX(-50%);
    }
    .carousel>ol>li {
        width: 30px;
        height: 10px;
        border: 1px solid #fff;
        float: left;
        margin: 0 10px;
        background: #666;
    }
    .carousel>ol>li:hover {
        cursor: pointer;
    }
    /* 选择焦点框样式类 */
    .carousel>ol>li.active {
        background-color: #fff;
        border: 1px #666 solid;
    }
```

6.4.3 编写 JavaScript 脚本文件

在 js 文件夹中，新建 carousel.js 文件，在该文件中编写代码，实现轮播图的效果。代码如下。

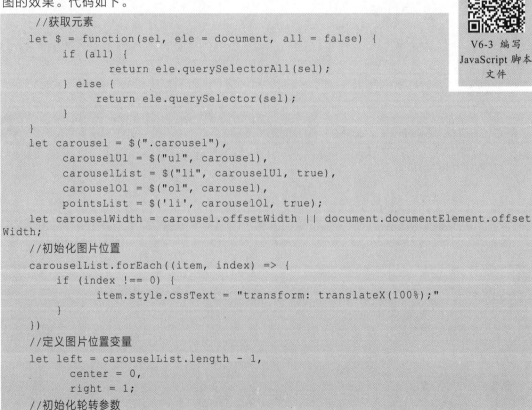

V6-3 编写 JavaScript 脚本文件

```
    //获取元素
    let $ = function(sel, ele = document, all = false) {
        if (all) {
                return ele.querySelectorAll(sel);
        } else {
            return ele.querySelector(sel);
        }
    }
    let carousel = $(".carousel"),
        carouselUl = $("ul", carousel),
        carouselList = $("li", carouselUl, true),
        carouselOl = $("ol", carousel),
        pointsList = $('li', carouselOl, true);
    let carouselWidth = carousel.offsetWidth || document.documentElement.offset
Width;
    //初始化图片位置
    carouselList.forEach((item, index) => {
        if (index !== 0) {
                item.style.cssText = "transform: translateX(100%);"
        }
    })
    //定义图片位置变量
    let left = carouselList.length - 1,
        center = 0,
        right = 1;
    //初始化轮转参数
```

```
let timer = null,
    speed = 2000,
    transTime = "1s";
//调用定时器
timer = setInterval(showImg, speed);

//图片切换
function showImg() {
    //轮转下标
    left = center;
    center = right;
    right++;
    //极值判断
    if (right > carouselList.length - 1) {
        right = 0;
    }
    //添加过渡效果
    trans(transTime)
    //图片归位
    moveCenter(carouselWidth);
    //设置焦点框联动
    setPoint();
}
//图片归位
function moveCenter(w) {
    carouselList[left].style.transform = 'translateX(' + (-w) + 'px)';
    carouselList[center].style.transform = 'translateX(0px)';
    carouselList[right].style.transform = 'translateX(' + w + 'px)';
}
//过渡效果
function trans(ts) {
    carouselList[left].style.transition = 'transform ' + ts;
    carouselList[center].style.transition = 'transform ' + ts;
    carouselList[right].style.transition = 'none';
}
function setPoint() {
    for (var i = 0; i < pointsList.length; i++) {
        pointsList[i].classList.remove('active');
    }
    pointsList[center].classList.add('active');
}
//添加事件
pointsList.forEach((item, index) => {
    item.addEventListener("mouseover", (e) => {
        clearInterval(timer)
        right = index;
        showImg()
    }, false);
    item.addEventListener("mouseout", (e) => {
        timer = setInterval(showImg, speed);
    }, false)
})
```

6.5 任务拓展——设计手风琴图片切换效果

6.5.1 任务描述

手风琴图片切换效果是将鼠标指针放到手风琴的键上时，会滑出图片或水平展开图片，而图片的说明文字则会垂直滑出，形成视觉差，整体效果动感十足。手风琴图片切换效果按照排列方式可分为横向手风琴切换效果和竖向手风琴切换效果。

6.5.2 任务要求

利用本单元所学的关键知识和技术，根据 JavaScript 动画实现技术，编写网页的 HTML 文件、CSS 文件和 JavaScript 脚本文件，完成手风琴图片切换效果的设计，参考效果如图 6-3 和图 6-4 所示。

图 6-3　手风琴每一个键位效果

图 6-4　手风琴图片水平展开效果

6.6 课后训练

由于轮播图在 Web 开发中的使用率较高，为了提高开发效率，可以选择效果好、稳定的插件来实现轮播功能。Swiper 是一款轻量级的轮播图插件，是完全用 JavaScript 打造的滑动特效插件，不仅支持 PC 端，而且支持手机、平板电脑等移动端。用它可以快速地做出一款复杂的轮播图效果。关于 Swiper 的使用方法，可以访问 Swiper 官方网站。

利用本单元所学知识、技术和 Swiper 插件，设计一款自己喜欢的网页轮播图效果。

【归纳总结】

本单元主要介绍了 JavaScript 动画实现技术，重点阐述了创建动画的工作流程，并运用这些知识和技术完成了网页轮播图效果的设计。通过对本单元的学习，学生可以积累 Web 开发经验，提升 JavaScript 编程能力。本单元内容的归纳总结如图 6-5 所示。

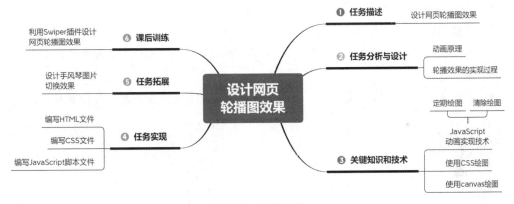

图 6-5 归纳总结

单元7
设计表单校验效果

07

【单元目标】

1. 知识目标
- 了解正则表达式及其使用场景；
- 掌握正则表达式的使用方法；
- 掌握 JavaScript 调用约束校验 API 的方法。

2. 技能目标
- 通过编写 HTML 文件、CSS 文件和 JavaScript 脚本文件，能够完成表单校验效果设计。

3. 素养目标
- 牢固树立正确的网络安全观，增强法治观念，提高网络安全意识和防护技能。

【核心内容】

本单元的核心内容如图 7-1 所示。

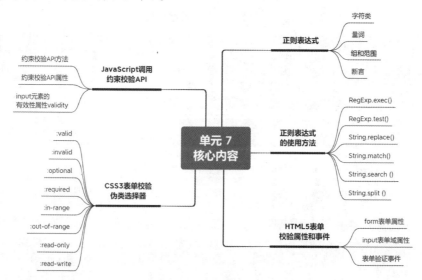

图 7-1　单元 7 核心内容

7.1 任务描述

表单校验是指当用户在 Web 应用程序中输入数据时，Web 应用程序会验证用户输入的数据是否正确。如果验证通过，Web 应用程序会提交输入的数据到服务器并将其储存到数据库中；如果验证未通过，则 Web 应用程序会提示用户有错误的数据，并且告诉用户错误是什么。

表单检验主要用于解决两个问题：一个是以正确的格式获取正确的数据，如果用户数据以不正确的格式存储，或者没有正确输入数据，应用程序将无法正常运行；另一个是保护用户，强制用户输入安全的密码，有利于保护用户账户的安全。

本单元的主要任务是通过客户端表单校验技术完成注册页面的制作，当用户提交了包含不符合预期格式数据的表单时，注册页面会显示相应的反馈信息。

7.2 任务分析与设计

表单校验包括客户端校验和服务端校验。在实际的项目开发过程中，开发者一般倾向于使用客户端校验与服务器端校验组合的校验方式，以更好地保证数据的正确性与安全性。

7.2.1 分析表单校验任务

要完成表单校验任务，需明确校验数据的规则、确定表单的行为方式和了解能为用户提供的帮助。

1. 明确校验数据的规则

一般情况下，表单数据是文本，并以字符串形式提供给脚本。因此，可以选择按字符串操作、数据类型转换或正则表达式等方式进行数据的校验。

2. 确定表单的行为方式

这是一个用户界面问题，必须确定表单是否发送数据，是否突出显示错误的字段，是否显示错误消息等。

3. 了解能为用户提供的帮助

尽可能多地为用户提供有用信息是非常重要的，以便引导用户进行正确的输入。开发者应该提供相关建议，让用户知道预期的输入，以及明确的错误数据是什么样的。

7.2.2 设计表单校验任务

设计表单校验任务主要包括新建表单、分析任务需求、为表单字段添加校验属性和编写 JavaScript 脚本实现校验功能。

（1）新建表单，根据用户输入数据的需求，进行表单布局，添加字段，设置字段常规属性和表单样式。

（2）分析任务需求，为表单字段添加校验属性，并通过 CSS 校验伪类进行表单及其字段的样式化处理。

（3）编写 JavaScript 脚本文件，实现表单校验功能。表单校验的条件若满足，则可提交数据，不满足则不允许提交数据。所以只要写出正确的数据即可，校验错误提示会在数据不符合提交条件时出现。

7.3 关键知识和技术——正则表达式和表单校验

编写 JavaScript 脚本文件可用来在数据被传给服务器前，对 HTML 表单中的输入数据进行验证，也就是客户端校验，主要用到正则表达式、HTML 表单校验属性、CSS 伪类选择器、约束校验 API 属性和方法等知识和技术。

7.3.1 认识正则表达式

正则表达式是字符的序列，由一些普通字符和元字符组成。普通字符包括大小写字母、下划线、数字等，而元字符是指正则表达式中具有特殊意义的专用字符。常用的元字符有字符类、量词、组和范围、断言等。

1. 字符类

一个字符类可以匹配它包含的任意字符。在 JavaScript 的正则表达式语法中，要使用某些特殊字符，需要添加转义字符"\"。正则表达式的字符类如表 7-1 所示。

表 7-1　正则表达式的字符类

字符	描述
\	转义字符，将特殊字符的特殊意义去除
.	匹配除换行符和其他 Unicode 行终止符之外的任意字符
\w	匹配字母、数字、下划线，等价于[a-zA-Z0-9_]
\W	匹配非字母、数字、下划线，等价于[^a-zA-A0-9_]
\s	匹配任何空白字符，包括空格、制表符、换页符等，等价于[\f\n\r\t\v]
\S	匹配任何非空白字符，等价于[^ \f\n\r\t\v]
\d	匹配一个数字字符，等价于[0-9]
\D	匹配一个非数字字符，等价于[^0-9]
\t	匹配一个制表符，等价于\x09 和\cI
\r	匹配一个回车符，等价于\x0d 和\cM
\n	匹配一个换行符，等价于\x0a 和\cJ
\v	匹配一个垂直制表符，等价于\x0b 和\cK
\f	匹配一个换页符，等价于\x0c 和\cL
[\b]	匹配一个退格，不同于\b
\0	匹配 NULL 字符。"\0<数字>"是一个八进制转义序列

续表

字符	描述
\cX	匹配字符串中的一个控制符
\xhh	匹配一个 2 位十六进制数（\x00-\xFF）表示的字符
\uhhhh	匹配一个 4 位十六进制数表示的 UTF-16 代码单元
\u{hhhh}	匹配一个十六进制数表示的 Unicode 字符

2. 量词

量词表示要匹配的字符或表达式的数量，其使用方法是在正则模式（Pattern）之后添加用以指定字符重复的标记。正则表达式的量词语法如表 7-2 所示。

表 7-2　正则表达式的量词语法

字符	描述
x{n,m}	匹配前一项至少 n 次，最多 m 次
x{n,}	匹配前一项至少 n 次
x{n}	匹配前一项 n 次
x?	匹配前一项 0 次或一次，即前一项是可选的，等价于{0,1}
x+	匹配前一项一次或多次，等价于{1,}
x *	匹配前一项 0 次或多次，等价于{0,}
x*? x+? x?? x{n}? x{n,}? x{n,m}?	在默认情况下，"*"和"+"这样的量词是"贪婪的"，即它们会试图匹配尽可能多的字符串。在贪婪模式的量词后加上"?"，就变成非贪婪模式的量词，即它一旦找到匹配字符就会停止。 例如，给定一个字符串"some \<foo\> \<bar\> new \</bar\> \</foo\> thing"，则/\<.*\>/ 匹配的是"\<foo\> \<bar\> new \</bar\> \</foo\>"，/\<.*?\>/ 匹配的是"\<foo\>"

3. 组和范围

组和范围表示表达式字符的选择、字符集、分组和引用。正则表达式的组和范围如表 7-3 所示。

表 7-3　正则表达式的组和范围

字符集	描述
x|y	用于选择，匹配"x"或"y"任意一项
[xyz] [a-c]	匹配方括号内任何一个包含的字符，可以使用连字符来指定字符范围，还可以在字符集中包含字符类。例如，[abcd]与[a-d]匹配结果是一样的
[^xyz] [^a-c]	匹配任何没有包含在括号中的字符。可以使用连字符来指定字符范围。例如，[^abc]和[^a-c]匹配结果是一样的
(x)	捕获组，将几个项组合成一个单元，并捕获文本到自动命名的组里，规则是从左向右，以分组的左括号为标志，第一个出现的分组的组号为 1，第二个出现的分组的组号为 2，以此类推，能从结果数组的元素中收回匹配的子字符串（[1], ..., [n]）或 RegExp 对象的属性（$1,...,$9）

续表

字符集	描述
\n	和第 *n* 个分组第一次匹配的字符相匹配，组是圆括号中的子表达式，组索引是从左到右的左括号数
(?:x)	非捕获组，匹配 *x*，但不获取匹配结果。不能从结果数组的元素中收回匹配的子字符串（[1],…,[n]）或 RegExp 对象的属性（$1,…,$9）
(?<Name>x)	具名捕获组，匹配 x 并将其存储在返回的匹配项的 groups 属性中，该属性位于<Name>指定的名称下。尖括号用于表示组名。例如，使用/-(?<customName>\w)/ 匹配"web-doc"中的"d"，代码为'web-doc'.match(/-(?<customName>\w)/).groups

4. 断言

断言是一种除错机制，用于验证代码是否符合预期。断言的组成部分之一是边界。对于文本、词或模式，边界可以用来表明它们的起始或终止部分（如向前断言、向后断言，以及条件表达式）。正则表达式的断言语法如表 7-4 所示。

表 7-4　正则表达式的断言语法

字符	描述
^	匹配开始的位置
$	匹配结束的位置
\b	匹配一个单词的边界
\B	匹配非单词边界
x(?=y)	向前断言：在 x 被 y 跟随时匹配 x。例如，/Jack(?=Sprat)/，"Jack"在跟有"Sprat"的情况下才会得到匹配
x(?!y)	向前否定断言：在 x 没有被 y 跟随时匹配 x。例如，/\d+(?!\.)/.exec('3.141')，匹配 141 而不是 3，即数字后在没有跟随小数点的情况下才会得到匹配
(?<=y)x	向后断言：在 x 跟随 y 的情况下匹配 x。例如，/(?<=Jack)Sprat/，"Sprat"跟随"Jack"时才会得到匹配
(?<!y)x	向后否定断言：在 x 不跟随 y 时匹配 x。例如，/(?<!-)\d+/.exec(3)，3 得到匹配，即数字在不跟随"-"符号的情况下才会得到匹配
(?#comment)	注释分组不对正则表达式的处理产生任何影响，用于提供说明

【训练 7-1】编写校验密码的正则表达式，要求密码以字母开头，长度为 6~18，只能包含字母、数字和下划线。

① 正则表达式的解析如图 7-2 所示。

② 结论：^[a-zA-Z]\w{5,17}$。

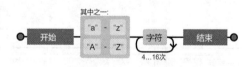

图 7-2　正则表达式的解析

7.3.2　正则表达式的使用方法

正则表达式是用于匹配字符串中字符组合的模式。在 JavaScript 中，正则表达式也是对象。这些模式用于 RegExp 对象的 exec()和 test()方法，以及 String 对象的 match()、matchAll()、replace()、search()和 split()方法。

1. RegExp.exec()

exec()方法用于在一个指定字符串中进行搜索匹配,返回一个数组或 null,其语法格式如下。

```
regexObj.exec(str)
```

参数说明如下。

- str 是要匹配正则表达式的字符串。

如果匹配成功,exec()方法返回一个数组(包含额外的属性 index 和 input),并更新正则表达式对象的 lastIndex 属性。完全匹配成功的文本将作为返回数组的第一个元素,从第二个元素起,后续每个元素都对应正则表达式圆括号里匹配成功的文本。如果匹配失败,exec()方法返回 null,并将 lastIndex 重置为 0。

【训练 7-2】使用 exec()方法查找字符串,代码如下。代码清单为 code7-2.html。

```javascript
var re = /quick\s(brown).+?(jumps)/ig;
var result = re.exec('The Quick Brown Fox Jumps Over The Lazy Dog');
console.log(result)
```

正则表达式"quick\s(brown).+?(jumps)"的解析如图 7-3 所示。

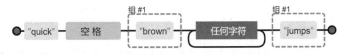

图 7-3   正则表达式的解析

上述代码的运行结果如图 7-4 所示。

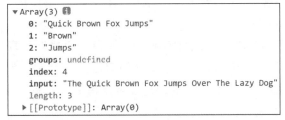

图 7-4   运行结果

result 数组的元素如表 7-5 所示。

表 7-5   result 数组的元素

属性/索引	描述	例子
[0]	第一项,匹配的全部字符串	Quick Brown Fox Jumps
[1], ...[n]	从第二项起,[1], ...[n]对应的是正则表达式内捕获括号里匹配成功的文本	[1] = Brown [2] = Jumps
groups	用来存储命名捕获组的信息。 语法格式: (?<捕获组的名字>捕获组对应的规则)	undefined
index	匹配到的字符位于原始字符串的基于 0 的索引值	4
input	原始字符串	The Quick Brown Fox Jumps Over The Lazy Dog
length	用于数字索引项的统计	3

正则表达式 re 对象属性如表 7-6 所示。

表 7-6 正则表达式 re 对象属性

属性	描述	例子
lastIndex	下一次匹配开始的位置	25
ignoreCase	是否使用了"i"标记使匹配忽略字母大小写	true
global	是否使用了"g"标记进行全局的匹配	true
multiline	是否使用了"m"标记使正则表达式工作在多行模式	false
source	匹配的字符串	quick\s(brown).+?(jumps)

2. RegExp.test()

test()方法用于执行检索，可以查看正则表达式与指定的字符串是否匹配，返回 true 或 false，其语法格式如下。

```
regexObj.test(str)
```

参数说明如下。

- str 是用来与正则表达式匹配的字符串。

【训练 7-3】测试手机号码是否规范，代码如下。代码清单为 code7-3.html。

```
var re = /^1[3|4|5|6|7|8|9][0-9]{9}$/ig,
    tel = "19997199711";
var result = re.test(tel);
console.log(result);                    //true
```

3. String.replace()

replace()方法返回一个由替换值替换部分或所有的模式匹配项后的新字符串。模式可以是一个字符串或者一个正则表达式，替换值可以是一个字符串或者一个每次匹配都要调用的回调函数。如果模式是字符串，则仅替换第一个匹配项。replace()的语法格式如下。

```
str.replace(regexp|substr, newSubStr|function)
```

参数说明如下。

- regexp 是一个 RegExp 对象或其字面量。
- substr 是一个将被 newSubStr 替换的字符串。
- newSubStr 是用于替换掉第一个参数在原字符串中的匹配部分的字符串。可以在该字符串中插入一些特殊的变量名（不推荐使用字符串参数）。
- function 是一个用来创建新子字符串的函数，该函数的返回值将替换掉第一个参数匹配到的结果（推荐使用函数参数）。

指定一个函数作为 replace()的第二个参数。在这种情况下，当匹配执行后，该函数就会执行。函数的返回值作为替换字符串。另外要注意的是，如果 replace()的第一个参数是正则表达式，并且其为全局匹配模式，那么这个函数会被多次调用，每次匹配都会被调用。函数的参数如表 7-7 所示。

表 7-7　函数的参数

参数	代表的值
match	匹配的子字符串（对应字符串参数$&）
p1,p2, ...	假如 replace()方法的第一个参数是一个 RegExp 对象，则代表第 n 个圆括号匹配的字符串（对应字符串参数$1、$2 等）。例如，用/(\a+)(\b+)/来匹配，p1 就是匹配的\a+、p2 就是匹配的\b+
offset	匹配到的子字符串在原字符串中的偏移量。如果原字符串是'abcd'，匹配到的子字符串是'bc'，那么这个参数的值是 1
string	被匹配的原字符串
NamedCaptureGroup	命名捕获组匹配的对象

【训练 7-4】实现两个单词的重新组合，代码如下。代码清单为 code7-4.html。

```
let re = /(\w+)\s(\w+)/,
    str = "John Smith";
let newstr = str.replace(re, function(match,p1,p2){
    return `${p2},${p1}`;
});
console.log(newstr);            //Smith, John
```

4. String.match()

match()方法用于检索并返回一个字符串匹配正则表达式的结果，其语法格式如下。

```
str.match(regexp)
```

参数说明如下。

- regexp 是一个正则表达式对象。

如果正则表达式不包含 g 标志，str.match()将返回与 RegExp.exec()相同的结果。

【训练 7-5】搜索字符串中的大写字母，代码如下。代码清单为 code7-5.html。

```
const paragraph = 'The quick brown fox jumps over the lazy dog. It barked.';
const regex = /[A-Z]/g;
const found = paragraph.match(regex);
console.log(found);        //Array ["T", "I"]
```

5. String.search()

search()方法执行正则表达式和 String 对象之间的搜索匹配，其语法格式如下。

```
str.search(regexp)
```

参数说明如下。

- regexp 是一个正则表达式对象。

如果匹配成功，则 search()返回正则表达式在字符串中第一个匹配项的索引；否则，返回−1。

【训练 7-6】搜索非单词或空格的字符，代码如下。代码清单为 code7-6.html。

```
const paragraph = 'The quick brown fox jumps over the lazy dog. ';
const regex = /[^\w\s]/g;
console.log(paragraph.search(regex));        //43
```

6. String.split()

split()方法使用指定的分隔字符串将一个 String 对象分成子字符串数组，指定的分隔字符串用于决定拆分的位置，其语法格式如下。

```
str.split([separator[, limit]])
```

参数说明如下。

- separator 用于指定表示每个拆分应发生的点的字符串，可以是一个字符串或正则表达式。
- limit 是一个整数，用于限定返回的片段数量。

在找到分隔符后，将其从字符串中删除，并将子字符串的数组返回。如果没有找到或者省略了分隔符，则返回的数组包含一个由整个字符串组成的元素。如果分隔符为空字符串，则将字符串转换为字符数组。如果分隔符出现在字符串的开始或结尾，或同时出现在开始和结尾，返回的数组的开始或结尾处将以空字符串替换了开始或结尾处的分隔符。因此，如果字符串仅由一个分隔符实例组成，则返回的数组由两个空字符串组成。

【训练 7-7】按空格分割字符串，代码如下。代码清单为 code7-7.html。

```
const str = "The quick brown fox jumps over the lazy dog.";
const strCopy = str.split(/ /);
console.log(strCopy);
//Array (9) ['The', 'quick', 'brown', 'fox', 'jumps', 'over', 'the', 'lazy',
'dog.']
```

7.3.3　HTML5 表单校验属性和事件

HTML5 可以在不写一行代码的情况下，对用户的输入进行数据校验，这是通过表单元素的校验属性实现的。这些属性可以让用户定义一些规则，用于限定输入内容。例如，某个文本框中是否必须输入内容，某个文本框的字符串的最小或最大长度限制，某个文本框中必须输入一个数字、邮箱地址等，数据必须匹配的模式。如果表单中输入的数据都符合限定规则，那么表单校验通过，否则就认为表单校验未通过。除此之外，HTML5 还自带表单验证事件。

1. form 表单属性

form 表单校验的常用属性如表 7-8 所示。

表 7-8　form 表单校验的常用属性

属性	描述
autocomplete	规定 form 表单应该拥有的自动完成功能
novalidate	规定在提交表单时不验证 form 表单或 input 表单域

2. input 表单域属性

input 表单域校验的常用属性如表 7-9 所示。

表 7-9　input 表单域校验的常用属性

属性	描述
autocomplete	规定 input 表单域应该拥有的自动完成功能
autofocus	规定在页面加载时，表单域自动获得焦点
formnovalidate	会覆盖 form 元素的 novalidate 属性

续表

属性	描述
min	min、max 和 step 属性用于为包含数字或日期的 input 类型规定约束
max	
step	
required	规定必须在表单域提交之前填写输入域（不能为空）
pattern (regexp)	表示一个正则表达式用于验证 input 元素的值。 适用于 input 标签的类型有 text、search、url、tel、email 和 password。 语法格式：<input pattern="regexp">
placeholder	提供提示（Hint），用于描述输入域期待的值
disabled	规定输入的元素不能用

【训练 7-8】使用 pattern 属性实现文本域的校验，代码如下。代码清单为 code7-8.html。

```html
<!DOCTYPE html>
<html>
<head>
    <meta charset = "utf-8">
    <title></title>
</head>
<body>
    <form>
        <fieldset>
            <legend>输入用户信息</legend>
            <div>
                <label for = "uname">用户名: </label>
                <input type = "text" id = "uname" name = "name" required
size = "45" pattern = "[a-z]{4,8}" title = "4~8 个小写字母">
                <p>用户名必须为小写字母，且长度为 4~8 </p>
            </div>
            <div>
                <label for = "password">密码: </label>
                <input type = "password" id = "password" required pattern =
"^[a-zA-Z]\w{5,17}$">
                <p>以字母开头，长度为 6~18，只能包含字母、数字和下划线</p>
            </div>
            <div>
                <button>提交</button>
            </div>
        </fieldset>
    </form>
</body>
</html>
```

3．表单验证事件

HTML5 中常用的表单验证事件如表 7-10 所示。

表 7-10　HTML5 中常用的表单验证事件

事件	说明
input	实时监听 input 中的输入值
invalid	当输入的值不符合验证约束时触发
change	当文本框失去焦点时，检查 input 里的值是否符合要求，并执行相应函数
submit	进行表单提交前的验证

7.3.4　CSS3 表单校验伪类选择器

使用 CSS3 伪类选择器进行表单校验处理，就是用 CSS3 伪类来控制验证消息，或者控制 input 元素的样式来提示用户进行输入。常用的 CSS3 表单校验伪类选择器如表 7-11 所示。

表 7-11　常用的 CSS3 表单校验伪类选择器

属性	描述
:valid	选择符合所有约束的项
:invalid	选择所有不符合约束的项
:optional	选择所有选填项
:required	选择所有必填项
:in-range	选择符合 min 和 max 约束的项
:out-of-range	选择不符合 min 和 max 约束的项
:read-only	选择只读的项
:read-write	选择可编辑的项

【训练 7-9】选择任意有效或无效的 input 元素并为其指定背景色，代码如下。代码清单为 code7-9.html。

```
<!DOCTYPE html>
<html>
<head>
    <meta charset = "utf-8">
    <title></title>
    <style>
        input:invalid {
            background-color: #ff0;
        }
        input:valid {
            background-color: #ccc;
        }
        input:required {
            border-color: #f00;
            border-width: 1px;
        }
    </style>
</head>
<body>
    <form>
```

```
        <fieldset id="">
            <legend>输入信息</legend>
            <div> <label for = "url_input">输入 URL: </label>
                <input type = "url" id = "url_input" />
            </div>
            <div><label for = "email_input">输入 E-mail: </label>
                <input type = "email" id = "email_input" required />
            </div>
            <div><button>提交</button></div>
        </fieldset>
    </form>
</body>
</html>
```

7.3.5　JavaScript 调用约束校验 API

每次提交无效的表单数据，浏览器总会显示浏览器提供的错误信息。如果想要自定义这些信息的外观和文本，可以使用 JavaScript 脚本编程。

HTML5 提供的约束校验 API 为开发者提供了一个强大的工具来进行表单校验，让开发者可以使用 JavaScript 调用约束校验 API 控制用户界面信息的显示效果。

1. 约束校验 API 方法

约束校验 API 方法如表 7-12 所示。

表 7-12　约束校验 API 方法

方法	描述
checkValidity()	用来验证当前表单控件元素或者整个表单是否通过，返回值是布尔值
setCustomValidity()	可配置 input 元素的 validationMessage 属性，用于定义错误提醒信息的方法。如果要重新判断，需要取消自定义提示，如 setCustomValidity("")、setCustomValidity(null) 或 setCustomValidity(undefined)
reportValidity()	用来触发浏览器的内置验证提示交互，返回布尔值；不仅可以检验表单并返回结果，而且能为用户报告错误

注意：如果设置自定义信息后没有将 setCustomValidity 重新设置为空，那么表单验证会一直无法通过。

2. 约束校验 API 属性

约束校验 API 属性如表 7-13 所示。

表 7-13　约束校验 API 属性

属性	描述
validity	用于返回 input 输入值是否合法，当该属性值为 true 时，表示元素满足所有的验证约束，被认为有效，元素可用 CSS 伪类:valid 匹配；当该属性值为 false 时，表示元素有不满足的验证约束，可用 CSS 伪类:invalid 匹配
validationMessage	浏览器的错误提示
willValidate	如果元素在表单提交时将被校验，返回 true，否则返回 false

【训练 7-10】进行用户登录信息校验，代码如下。代码清单为 code7-10.html。

```html
<!DOCTYPE html>
<html>
<head>
    <meta charset = "utf-8">
    <title></title>
</head>
<body>
    <form action = "login.php" method = "post">
        <fieldset id = "">
            <legend>输入信息</legend>
            <div>
                <label for = "username">用户名: </label>
                <input id = "username" type = "text" required>
                <p id = "demo1"></p>
            </div>
            <div>
                <label for = "password">密   码: </label>
                <input id = "password" type = "password" required>
                <p id = "demo2"></p>
            </div>
            <div>
                <input type = "submit" id = "button" value = "登录">
            </div>
        </fieldset>
    </form>
    <script>
        const $ = function(sel, ele = document) {
            return ele.querySelector(sel);
        }
        let username, password;
        //去除表单中的默认气泡
        $("form").addEventListener('invalid', function(e) {
            e.preventDefault();
        }, true)
        //提交校验
        $("#button").addEventListener('click', function(e) {
            //获取字段
            username = $("#username");
            password = $("#password");
            //进行校验并自定义提示信息
            if (!username.checkValidity()) {
                username.setCustomValidity("请正确输入用户名称");
                //获取#username 文本域中的错误提示信息
                $("#demo1").innerHTML = username.validationMessage;
            }
            if (!password.checkValidity()) {
                password.setCustomValidity("请正确输入密码");
                $("#demo2").innerHTML = password.validationMessage;
            }
```

```
                //去除自定义提示信息
                username.setCustomValidity("");
                password.setCustomValidity("");
            }, false);
        </script>
    </body>
</html>
```

3. input 元素的有效性属性 validity

input 元素的有效性属性 validity 可以返回 ValidityState 对象，该对象的属性用于错误验证，属性值均为布尔值，默认值为 false。ValidityState 对象的属性如表 7-14 所示。

表 7-14　ValidityState 对象的属性

属性	描述
validity.customError	如果元素设置了自定义错误，返回 true，否则返回 false
validity.patternMismatch	如果元素的值与设置的正则表达式（pattern）不匹配所，返回 true，否则返回 false。当为 true 时，元素可用 CSS 伪类:invalid 匹配
validity.rangeOverflow	如果元素的值高于设置的最大值（max），返回 true，否则返回 false。当为 true 时，元素可用 CSS 伪类:invalid 和:out-of-range 匹配
validity.rangeUnderflow	如果元素的值低于设置的最小值（min），返回 true，否则返回 false。当为 true 时，元素可用 CSS 伪类:invalid 和:out-of-range 匹配
validity.stepMismatch	如果元素的值不符合 step 属性的规则，返回 true，否则返回 false。当为 true 时，元素可用 CSS 伪类:invalid 和:out-of-range 匹配
validity.tooLong	如果元素的值超过设置的最大长度（maxlength），返回 true，否则返回 false。当为 true 时，元素可用 CSS 伪类:invalid 和:out-of-range 匹配
validity.tooShort	如果元素的值超过设置的最小长度（minlength），返回 true，否则返回 false。当为 true 时，元素可用 CSS 伪类:invalid 和:out-of-range 匹配
validity.typeMismatch	如果元素的值不满足所需的格式，返回 true，否则返回 false。当为 true 时，元素可用 CSS 伪类:invalid 匹配
validity.valueMissing	如果元素拥有 required 属性，但没有值，返回 true，否则为 false。当为 true 时，元素可用 CSS 伪类:invalid 匹配
validity.valid	如果元素的值不存在校验问题，返回 true，否则返回 false。当为 true 时，元素可用 CSS 伪类:valid 匹配，否则可用 CSS 伪类:invalid 匹配

【训练 7-11】制作实时验证效果，代码如下。代码清单为 code7-11.html。

```
<!DOCTYPE html>
<html>
<head>
    <meta charset = "utf-8">
    <title></title>
</head>
<body>
    <form name = "information" action = "login.php" method = "get">
        <fieldset id = "">
            <legend>输入信息</legend>
```

```
            姓名：
            <input placeholder = "输入 3~10 个英文字母" pattern = "[A-Za-z]{3,}"
name = "nickname" id = "nickname" required>
            邮箱地址：
            <input type = "email" name = "myemail" id = "myemail" required>
            <input type = "button" id = "send" value = "提交">
        </fieldset>
    </form>
    <script>
        function $(sel, ele = document) {
            return ele.querySelector(sel);
        }
        function initiate() {
            document.information.addEventListener("invalid", validation, true);
            document.information.addEventListener("input", checkval, false);
            $("#send").addEventListener("click", sendit, false);
        }
        function validation(e) {
            var elem = e.target;
            elem.style.background = '#FFDDDD';
        }
        function sendit() {
            var valid = document.information.checkValidity();
            if (valid) {
                document.information.submit();
            }
        }
        function checkval(e) {
            var elem = e.target;
            if (elem.validity.valid) {
                elem.style.background = '#FFFFFF';
            } else {
                elem.style.background = '#FFDD99';
            }
        }
        window.addEventListener("load", initiate, false);
    </script>
</body>
</html>
```

有时，使用旧版浏览器或自定义小部件，将无法使用约束校验 API。在这种情况下，仍然可以使用原生 JavaScript 来校验表单。

7.4 任务实现

表单校验效果要通过编写 HTML 文件、CSS 文件、JavaScript 脚本文件来实现，效果如

图 7-5 和图 7-6 所示。

图 7-5 表单效果　　　　　　　　图 7-6 表单校验提示信息

7.4.1 编写 HTML 文件

1. 创建站点

新建项目文件夹 chapter7，在该文件夹中新建 css 和 js 文件夹，分别用于放置 CSS 样式表文件和 JavaScript 脚本文件。

V7-1 编写
HTML 文件

2. 编写 index.html 文件

在项目文件夹下新建 index.html 文件，依据 HTML5 规范编写该文件，设置网页标题为"设计表单校验效果"。代码如下。

```html
<!DOCTYPE html>
<html lang = "zh">
<head>
    <meta charset = "UTF-8">
    <meta name = "viewport" content = "width=device-width, initial-scale=1.0">
    <meta http-equiv = "X-UA-Compatible" content = "ie=edge">
    <title>设计表单校验效果</title>
    <link rel = "stylesheet" href = "./css/validate.css">
</head>
<body>
    <div class = "register">
        <form  action = "" method = "post" target = "_blank" autocomplete = "off">
            <div class = "header">
                <h2>欢迎注册</h2>
                <p>已有账号? <a href = "">登录</a></p>
            </div>
            <ul>
                <li><label for = "userName">用户名</label>
```

```
                              <input  type = "text" name = "userName" id = "userName"
autocomplete="off" >
                    </li>
                    <li><label for = "tel">手机号</label>
                         <input type = "tel" name = "tel" id = "tel">
                    </li>
                    <li><label for = "password">密   码</label>
                         <input type = "password" name = "password" id = "password" >
                    </li>
                    <li><label for = "inputCode">验证码</label>
                         <input type = "text" name = "inputCode" id = "inputCode"
placeholder="请输入验证码" >
                         <input type = "button" value = "获取验证码" name =
"createCode" id="createCode">
                    </li>
                    <li><input type = "submit" name = "reg" id = "reg" value =
"注 册"></li>
                    <li>
                         <p><input type = "checkbox" name = "isAgree" id =
"isAgree">阅读并接受《用户协议》及《隐私权保护声明》</p>
                    </li>
                </ul>
                <div class = "footer">
                    <p>Copyright &copy; 2021 cvit.com Sun Wenjiang. All rights
reserved.</p>
                </div>
            </form>
      </div>
      <script src = "./js/validate.js"></script>
      <script src = "./js/createcode.js"></script>
   </body>
   </html>
```

7.4.2　编写 CSS 文件

在 css 文件夹中，创建并编写 validate.css 样式表文件。代码如下。

V7-2 编写 CSS
文件

```
* {
    margin: 0;   padding: 0;
}
a {
    text-decoration: none;
}
li {
    list-style: none;
}
html,body {
    width: 100%;
    height: 100%;
```

```
        background: rgb(79, 147, 208);
}
.register {
    width: 520px;
    margin: 20px auto 0 auto;
    background: #eee;
    border-radius: 8px;
    padding: 10px;
}
.register .header {
    margin-top: 26px;
    margin-left: 30px;
}
.register li {
    position: relative;
    margin: 30px 30px;
}
.register label {
    display: inline-block;
    width: 60px;
    text-align: left;
}
.register input:not([type=checkbox]) {
    height: 40px;
    line-height: 40px;
    padding-left: 6px;
    outline: none;
    border-radius: 6px;
    border: 1px #ccc solid;
    font-size: 1.05em;
}
.register #tel,.register #userName,.register #password {
    width: 380px;
}
.register #inputCode {
    width: 240px;
}
.register #createCode {
    width: 130px;
    margin-left: 6px;
    background: #fff;
    font-style: italic;
}
.register li:last-child,.register li:nth-last-child(2) {
    text-align: center;
}
.register #reg {
    width: 420px;
    height: 50px;
    line-height: 50px;
```

```
        border-radius: 25px;
        margin: 0 auto;
        background: #fff;
        font-size: 1.2em;
    }
    .register #reg:hover {
        cursor: pointer;
    }
    .register input:focus:not([type=checkbox]):not([type=submit]){
        border: 1px #00f solid;
    }
    .register input:invalid:not([type=checkbox]):not([type=submit]){
        background: #efc;
        border: 1px #f00 solid;
    }
    .register input[type=checkbox]{
        margin-right: 4px;
        width: 18px;height: 18px;
        vertical-align: middle;
    }
    .error-message {
        position: absolute;
        right: 20px;bottom: -20px;
        text-align: right;
        color: #f00;
        font-size: 12px;
    }
    .register .footer {
        font-size: 8.5px;
        text-align: center;
        color: #ccc;
    }
```

7.4.3　编写 JavaScript 脚本文件

在 js 文件夹中，新建 validate.js 文件，在该文件中编写代码，实现表单校验功能。代码如下。

V7-3 编写
JavaScript 脚本
文件

```
const $ = function(sel, ele = document, all = false) {
    if (!all) {
        return ele.querySelector(sel)
    } else {
        return ele.querySelectorAll(sel);
    }
}
//获取表单及其元素
let myform = $(".register>form");
let userName = $("#userName", myform),
    tel = $("#tel", myform),
```

```
        password = $("#password", myform),
        inputCode = $("#inputCode", myform),
        createCode = $("#createCode", myform),
        reg = $("#reg", myform),
        isAgree = $("#isAgree", myform);
//定义表单校验规则
let rules = {
    userName: {
        required: true,
        pattern: "^(?![0-9]*$)[a-zA-Z0-9_]{6,16}$",
    },
    tel: {
        required: true,
        pattern: "^\\d{8,11}$"
    },
    password: {
        required: true,
        pattern: "^\\w{6,16}$"
    },
    isAgree: {
        required: true
    },
    inputCode: {
        required: true
    }
};
//定义输入时显示的提示信息

let messages = {
    userName: {
        required: "请输入用户名",
        msg: "用户名仅支持英文、数字和下划线，且不能为纯数字"
    },
    tel: {
        required: "请输入电话号码",
        msg: "输入 8～11 位的电话号码"
    },
    password: {
        required: "请输入密码",
        msg: "请输入 6～10 位的密码"
    },
    isAgree: {
        required: "请您接受并勾选此项协议"
    },
    inputCode: {
        required: "请输入验证码"
    }
};
```

```javascript
//添加校验属性
[tel, userName, password, inputCode, isAgree].forEach((item) => {
    addRules(item);
})
//执行校验函数
replaceValidationUI(myform);
//添加规则函数
function addRules(ele) {
    var rulesName = rules[ele.name];
    for (item in rulesName) {
        if (rulesName.hasOwnProperty(item)) {
            ele.setAttribute(item, rulesName[item]);
        }
    }
}
//添加提示信息
function addMessage(ele) {
    var msgName = messages[ele.name];
    if (ele.validity.valueMissing) {
        ele.setCustomValidity(msgName.required);
    } else {
        if (ele.validity.patternMismatch) {
            ele.setCustomValidity(msgName.msg);
        } else {
            ele.setCustomValidity("");
        }
    }
}
//定义表单校验函数
function replaceValidationUI(form) {
    //抑制默认气泡
    form.addEventListener("invalid", function(event) {
        event.preventDefault();
    }, true);

    form.addEventListener("submit", function(event) {
        if (!this.checkValidity()) {
            event.preventDefault();
        }
    });
    var submitButton = $("#reg", form);
    submitButton.addEventListener("click", function(event) {
        var invalidFields = $(":invalid", form, true),
            errorMessages = $(".error-message", form, true),
            parent;
        for (var i = 0; i < errorMessages.length; i++) {
            errorMessages[i].parentNode.removeChild(errorMessages[i]);
        }
        for (var i = 0; i < invalidFields.length; i++) {
```

```
                addMessage(invalidFields[i]);
                parent = invalidFields[i].parentNode;
                parent.insertAdjacentHTML("beforeend",
                    `<div class='error-message'>${invalidFields[i].validation
Message} </div>`);
            }
            //如果有错误，将第一个无效字段设置为焦点
            if (invalidFields.length > 0) {
                invalidFields[0].focus();
            }
        });
    }
```

在 js 文件夹中，新建 createcode.js 文件，在该文件中编写代码，实现生成验证码功能。代码如下。

```
    let newCode = document.querySelector("#createCode");
    createCodefn();
    newCode.onclick = function(e) {
        createCodefn();
    }
    inputCode.addEventListener('change', function() {
        validate();
    }, false)
    //生成验证码
    function createCodefn() {
        code = ''
        var codeLength = 4;
        var random = new Array(0, 1, 2, 3, 4, 5, 6, 7, 8, 9, 'A', 'B', 'C', 'D',
'E', 'F', 'G', 'H', 'I', 'J', 'K', 'L', 'M', 'N', 'O', 'P', 'Q', 'R', 'S', 'T',
'U', 'V', 'W', 'X', 'Y', 'Z');
        for (var i = 0; i < codeLength; i++) {
            var index = Math.floor(Math.random() * 36);
            code += random[index];
        }
        newCode.value = code;
    }
    //校验验证码函数
    function validate() {
        var inputCodeValue = inputCode.value.toUpperCase();
        if (inputCodeValue.length <= 0) {
            alert('请输入验证码! ');
            return false
        } else if (inputCodeValue != code) {
            alert('验证码输入错误，请重新输入!');
            createCodefn();
            inputCode.value = '';
            return false
        } else {
            return true
        }
    }
```

7.5 任务拓展——设计登录表单校验效果

7.5.1 任务描述

在 Web 项目开发中，表单校验是很常见的功能。用户登录可理解为用户为进入某一网站或应用程序而进行的一项基本操作。该操作可以有效地区分操作者是管理员还是普通用户，有利于划分不同用户的使用权限和功能。

7.5.2 任务要求

利用本单元所学的关键知识和技术，根据 JavaScript 表单校验技术，编写网页的 HTML 文件、CSS 文件和 JavaScript 脚本文件，完成登录表单校验效果的设计，参考效果如图 7-7 所示。

图 7-7 登录表单校验效果

7.6 课后训练

JavaScript 表单的校验是常用功能，jQuery 作为一个优秀的 JavaScript 库，提供了一个优秀的表单验证插件——Validation。Validation 是历史悠久的 jQuery 插件，经过了全球范围内不同项目的验证，并得到了许多 Web 开发者的好评。

jQuery Validate 插件为表单提供了强大的验证功能，让客户端表单验证变得更简单。同时，它还提供了大量的定制选项，可以满足应用程序的多种开发需求。该插件捆绑了一套有用的验证方法，包括 URL 和电子邮箱地址验证，还提供了一个用来编写自定义方法的 API。

利用本单元所学知识、技术和 jQuery Validate 插件，重新设计本单元的注册页面校验效果。

【归纳总结】

本单元主要介绍了正则表达式及其使用方法，重点阐述了表单校验技术，通过 JavaScript

调用约束校验 API，实现表单校验功能，完成了注册表单校验效果的设计。通过对本单元的学习，学生可以进一步积累 Web 开发经验，提升 JavaScript 编程水平。本单元内容的归纳总结如图 7-8 所示。

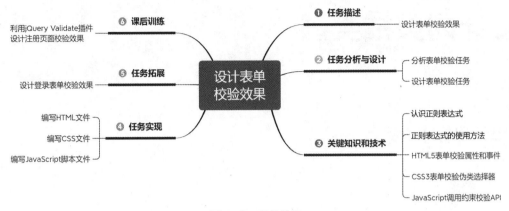

图 7-8　归纳总结

单元8
设计网页抽奖器

08

【单元目标】

1. 知识目标
- 了解抽奖算法；
- 掌握 JavaScript 数组的使用场景及其使用方法。

2. 技能目标
- 通过编写 HTML 文件、CSS 文件和 JavaScript 脚本文件，能够完成网页抽奖器设计。

3. 素养目标
- 恪守软件工程师道德规范，做到讲诚信、讲合作、以符合公众利益为工作目标。

【核心内容】

本单元的核心内容如图 8-1 所示。

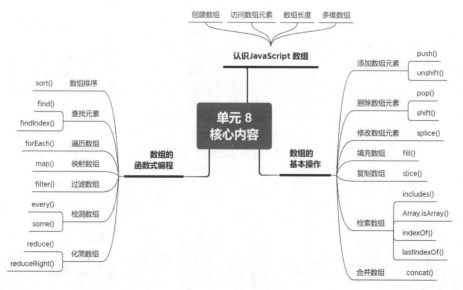

图 8-1　单元 8 核心内容

8.1　任务描述

　　抽奖可以说是营销或娱乐场景中必不可少的活动，可以实现以较小的营销力度，增强用户参与的积极性，提高活跃度，增强顾客黏性。

　　本单元的主要任务是利用 JavaScript 开发适用于房产摇号、车位摇号、幸运抽奖（大转盘、刮刮乐、扎气球、砸金蛋）等的抽奖原型，支持以数字序号的方式抽奖，具有排除范围功能。抽奖时，在表单中输入抽奖总人数、排除范围和拟中奖人数，单击抽奖按钮或按空格键生成抽奖号码。

8.2　任务分析与设计

　　常见的幸运抽奖方式有大转盘、刮刮乐、扎气球、砸金蛋等，它们只是视图层的表现形式不一样，底层都可以使用同一个抽奖算法。

8.2.1　抽奖算法

　　抽奖算法按照用户抽奖方式的不同，可分为随机区间法和自增匹配法。

1. 随机区间法

　　随机区间法随机度高，根据概率来计算，每个用户的单次中奖概率=奖品数/预估抽奖用户人数。此种方法是在用户抽奖的时候，获得一个随机数，判断它是否在中奖区间即可。发放奖品，则区间内的奖品数减 1；回收奖品，则区间内的奖品数加 1。

　　当一种奖品被抽完之后，将其从奖品区间移除（"谢谢惠顾"一般不算奖品），剩余部分继续用于抽奖；而当所有奖品都抽光了，就会只剩下一个"谢谢惠顾"的区间，这样用户不论怎么抽，都只会抽到"谢谢惠顾"，直到活动日结束。如果需要限制总抽奖次数，则将"谢谢惠顾"的部分也纳入库存，最终库存全部消耗完，提示用户抽奖结束即可。

　　需要注意的是，预估抽奖的人数比较重要，会影响随机数生成区间，可以根据历史数据评估，建议评估人数大一些，这样奖品不至于很快被抽完。

2. 自增匹配法

　　自增匹配法比较简单，先定义一个全局自增数，然后为每个奖品设置一个数字，有几个奖品就设置几个数。每次抽奖，自增数加 1 并返回，如果自增数与奖品的数字一致，则中奖。

　　此种方法的好处是不用记录奖品的剩余数，只记录自增数；缺点是由于不用记录奖品的剩余数，提前进行了奖品分布，所以不适用于奖品多的情况。

8.2.2　设计抽奖功能

　　为了简化算法，本单元的网页抽奖器采用的是随机算法，保证公平公正，可以用于单位年会、联欢晚会、婚庆、商场等各种现场抽奖活动中。

本网页抽奖器的功能实现过程是首先根据参与抽奖的人数及其编号生成数组，然后排除不参与抽奖的编号，再指定中奖人数（编号个数），最后在有效的编号中随机产生中奖人数的编号（中奖号码）并显示在屏幕上。

8.3 关键知识和技术——JavaScript 数组

在 JavaScript 中，有许多编程问题都与数组或集合的操作有关，数组对象提供的方法能让这些问题变得更加容易处理。

8.3.1 认识 JavaScript 数组

数组（Array）是一个有序的数据集合，在这个集合中可以存放不同类型的数据。实际上，数组就是对象，与普通对象不同的是数组中的数据是有序的，要使用编号来引用数组中的数据。

在 JavaScript 中，数组要先定义后使用。数组对象提供了与数组操作相关的方法，包括添加、删除、替换、排序、遍历数组元素等方法。

1. 创建数组

在 ECMAScript 2015 以前，创建数组主要使用数组字面量和调用 Array()构造函数。为了进一步简化 JavaScript 数组的创建过程，ECMAScript 2015 新增了 Array.of()和 Array.from()方法。

（1）使用数组字面量。

数组字面量以方括号为定界符，数组的元素必须放在方括号里，数组元素之间使用逗号进行分隔。例如[1,2,3,4]。

（2）使用 Array()构造函数。

在使用数组对象的 Array()构造函数定义数组时，无论有没有使用 new 关键字，都可以返回一个数组。例如，Array(7)的结果为[, , , , , ,]。

（3）使用 Array.of()方法。

Array.of()方法用于创建具有可变数量参数的新数组实例，不考虑参数的数量或类型。其语法格式如下。

```
Array.of(element0[, element1[, ...[, elementN]]])
```

参数说明如下。

- elementN 表示任意个参数，将按顺序成为返回数组中的元素。例如，Array.of(7)的结果为[7]。

（4）使用 Array.from()方法。

Array.from()方法用于为一个类似数组或可迭代对象创建一个新的浅复制的数组实例。其语法格式如下。

```
Array.from(arrayLike[, mapFn[, thisArg]])
```

参数说明如下。

- arrayLike 是想要转换成数组的伪数组对象或可迭代对象。
- mapFn 是可选参数，如果指定了该参数，新数组中的每个元素会执行该回调函数。
- thisArg 是可选参数，是回调函数 mapFn()的 this 对象。

【训练 8-1】利用 Array.from()编写一个序号生成器，代码如下。代码清单为 code8-1.html。

```
const range = (start, stop, step) => Array.from({
    length: (stop - start) / step + 1
}, (_, i) => start + (i * step));
console.log(range(0, 4, 1));              //[0, 1, 2, 3, 4]
```

2. 访问数组元素

使用"数组名[索引]"的格式来访问数组元素。数组中的第一个元素的索引为 0，最后一个元素的索引为数组的 length 属性值减 1。访问数组元素的语法格式如下。

```
数组名[索引]
```

3. 数组长度

Array 对象提供的 length 属性可以用于获取数组的长度，其值为数组元素的最大下标加 1。数组的 length 属性不仅可以用于获取数组长度，还可以用于修改数组长度。

4. 多维数组

在 JavaScript 中，数组都是一维数组，只能通过"数组名[下标]"的形式来引用数组元素。数组中的元素可以是字符串型、数值型、布尔型数据，也可以是数组或对象。如果数组中的元素也是数组，那么可以实现与多维数组类似的功能。创建多维数组的语法格式如下。

```
var myArray = new Array(new Array( ),new Array( ),new Array( ),    );
```

【训练 8-2】创建一个二维数组，并将其转置，代码如下。代码清单为 code8-2.html。

```
var arr = [ [2, 3, 6], [8, 4, 1], [7, 5, 9] ];
var res = [];
for (let i = 0, len1 = arr[0].length; i < len1; ++i) {
    res[i] = [];
    for (let j = 0, len2 = arr.length; j < len2; ++j) {
        res[i][j] = arr[j][i];
    }
}
console.log(arr);          //[ [2, 3, 6], [8, 4, 1], [7, 5, 9] ]
console.log(res);          //[ [2, 8, 7], [3, 4, 5], [6, 1, 9] ]
```

8.3.2 数组的基本操作

数组继承自 Array.prototype 中的属性，Array.prototype 定义了一套丰富的数组操作方法，包括添加元素、删除元素、修改元素和检索元素等的方法。

1. 添加数组元素

数组在创建后，可以通过自定义数组元素下标的方式添加元素，也可以利用 Array 对象提供的方法在数组末尾或开头添加元素，添加数组元素的方法如表 8-1 所示。

表 8-1　添加数组元素的方法

方法	描述
push()	将一个或多个元素添加到数组的末尾，并返回数组的新长度
unshift()	将一个或多个元素添加到数组的开头，并返回数组的新长度

2. 删除数组元素

数组在创建后，可以利用 delete 关键字删除数组中的某个元素，也可以利用 Array 对象提供的方法删除数组的末尾或开头的元素，删除数组元素的方法如表 8-2 所示。

表 8-2　删除数组元素的方法

方法	描述
pop()	从数组中删除最后一个元素，并返回该元素的值，会更改数组的长度
shift()	从数组中删除第一个元素，并返回该元素的值，会更改数组的长度

3. 修改数组元素

splice()方法通过删除或替换现有元素或在原地添加元素来修改数组，并以数组形式返回修改的内容，此方法会改变原数组。splice()方法的语法格式如下。

```
array.splice(start[, deleteCount[, item1[, item2[, ...]]]])
```

参数说明如下。

- start 用于指定修改的开始位置（从 0 开始计数）。如果它大于数组的长度，则从数组末尾开始添加内容；如果它是负值，则表示从数组末位开始的第几位；如果负数的绝对值大于数组的长度，则表示开始位置为第 0 位。
- deleteCount 为可选整数，表示要移除的数组元素的个数。如果 deleteCount 大于 start 之后的元素的总数，则 start 后面的元素都将被删除（含第 start 位）。如果 deleteCount 省略，或者它的值大于等于 array.length − start，那么 start 之后数组的所有元素都会被删除。如果 deleteCount 是 0 或者负数，则不移除元素。在这种情况下，至少应添加一个新元素。
- item1，item2，...为可选参数，表示要添加进数组的元素。如果不指定这些参数，则 splice()将只删除数组元素。

（1）利用索引删除某个元素。

【训练 8-3】在数组 myFish 中，从索引为 3 的位置开始删除一个元素，代码如下。代码清单为 code8-3.html。

```
var myFish = ['angel', 'clown', 'drum', 'mandarin', 'sturgeon'];
var removed = myFish.splice(3, 1);
console.log(myFish);              //["angel", "clown", "drum", "sturgeon"]
console.log(removed);             //["mandarin"]
```

（2）利用索引删除多个元素。

【训练 8-4】在数组 myFish 中，从索引为 2 的位置开始删除两个元素，代码如下。代码清单为 code8-4.html。

```
var myFish = ['parrot', 'anemone', 'blue', 'trumpet', 'sturgeon'];
var removed = myFish.splice(myFish.length - 3, 2);
console.log(myFish);            //["parrot", "anemone", "sturgeon"]
console.log(removed);           //["blue", "trumpet"]
```

（3）在指定位置插入元素。

【训练 8-5】在数组 myFish 中，从索引为 2 的位置开始删除 0 个元素，并插入"drum"，代码如下。代码清单为 code8-5.html。

```
var myFish = ["angel", "clown", "mandarin", "sturgeon"];
var removed = myFish.splice(2, 0, "drum");
console.log(myFish);       //["angel", "clown", "drum", "mandarin", "sturgeon"]
console.log(removed);      //[]
```

（4）利用索引删除多个元素，然后插入新元素。

【训练 8-6】在数组 myFish 中，从索引为 0 的位置开始删除两个元素，插入"parrot"、"anemone"和"blue"，代码如下。代码清单为 code8-6.html。

```
var myFish = ['angel', 'clown', 'trumpet', 'sturgeon'];
var removed = myFish.splice(0, 2, 'parrot', 'anemone', 'blue');
console.log(myFish);     //["parrot", "anemone", "blue", "trumpet", "sturgeon"]
console.log(removed);    //["angel", "clown"]
```

4. 填充数组

使用 fill()方法，可以用一个固定值填充一个数组中从起始索引到终止索引内的全部元素，不包括终止索引位置的元素。fill()方法的语法格式如下。

```
arr.fill(value[, start[, end]])
```

参数说明如下。

- value 是用来填充数组的值。
- start 是可选参数，表示起始索引，默认值为 0。
- end 是可选参数，表示终止索引，默认值为 this.length。

例如，var arr = Array(3).fill({})的结果为[{}, {}, {}]。

5. 复制数组

使用 slice()方法可以返回一个新的数组对象，这一对象是一个由起始索引和终止索引决定的原数组的浅复制（包括起始索引，但不包括终止索引），原始数组不会被改变。slice()方法的语法格式如下。

```
arr.slice([begin[, end]])
```

参数说明如下。

- begin 为可选参数，是起始处的索引（从 0 开始），从该索引开始提取原数组元素。如果该参数为负数，则表示从原数组中的倒数第几个元素开始提取，如 slice(-3)表示提取原数组中的倒数第 3 个元素到最后一个元素（包含最后一个元素）。如果省略 begin，则从索引 0 开始提取数组元素。如果 begin 超出原数组的索引范围，则会返回空数组。
- end 为可选参数，是终止处的索引（从 0 开始），在该索引处结束提取原数组元素。

slice()会提取原数组中索引从 begin 到 end 的所有元素（包含 begin，但不包含 end）。如果该参数为负数，则表示在原数组中的倒数第几个元素结束提取。如 slice(−3, −1)表示提取原数组中的倒数第 3 个元素到最后一个元素（不包含最后一个元素）。如果 end 省略，则会一直提取到原数组末尾的元素。如果 end 大于数组的长度，也会一直提取到原数组末尾的元素。

例如，['Banana', 'Orange', 'Lemon', 'Apple', 'Mango'].slice(1, 3)的结果为['Orange', 'Lemon']。

6. 检索数组

在开发中，若要检测给定的值是否是数组，或者查找指定元素在数组中的位置，则可以用 Array 对象提供的检索方法，方法如表 8-3 所示。

表 8-3　Array 对象提供的检索方法

方法	描述
includes()	用来判断一个数组中是否包含指定的值，如果包含则返回 true，否则返回 false
Array.isArray()	用于确定传递的值是否是一个数组
indexOf()	返回在数组中找到的给定元素的第 1 个索引，如果不存在则返回−1
lastIndexOf()	返回指定元素在数组中的最后一个的索引，如果不存在则返回−1

【训练 8-7】判断一个元素是否在数组里，若不在则更新数组，代码如下。代码清单为 code8-7.html。

```
function updateVegetablesCollection(veggies, veggie) {
    if (veggies.indexOf(veggie) === -1) {
        veggies.push(veggie);
        console.log('新 veggies 是 : ' + veggies);
    } else if (veggies.indexOf(veggie) > -1) {
        console.log(veggie + ' 已存在于 veggies 中');
    }
}
var veggies = ['potato', 'tomato', 'chillies', 'green-pepper'];
updateVegetablesCollection(veggies, 'spinach');
//新 veggies 是 : potato,tomato,chillies,green-pepper,spinach
updateVegetablesCollection(veggies, 'spinach');
//spinach 已存在于 veggies 中
```

7. 合并数组

concat()方法用于合并两个或多个数组。此方法不会更改现有数组，而是返回一个新数组。其语法格式如下。

```
var new_array = old_array.concat(value1[, value2[, ...[, valueN]]])
```

参数说明如下。

- valueN 为可选参数，是数组或值，将被合并到一个新的数组中。如果省略了所有的 valueN 参数，则 concat()会返回调用此方法的现存数组的一个浅复制。

【训练 8-8】将 3 个不同的值连接成为一个数组，代码如下。代码清单为 code8-8.html。

```
var alpha - ['a', 'b', 'c'];
var alphaNumeric = alpha.concat(1, [2, 3]);
```

```
console.log(alphaNumeric);
//['a', 'b', 'c', 1, 2, 3]
```

8.3.3 数组的函数式编程

在 JavaScript 中，使用数组可以存储、操作和查找数据，以及转换数据格式。ECMAScript 5 提供了数组的遍历、映射、过滤、检测、简化等方法，提升了数据处理能力。

1. 数组排序

sort()方法的作用是用本地算法对数组的元素进行排序，并返回数组。默认排列顺序是在将元素转换为字符串，比较它们的 UTF-16 代码单元值序列时构建的。sort()方法的语法格式如下。

```
arr.sort([compareFunction])
```

参数说明如下。

- compareFunction 为可选参数，用来指定按某种顺序进行排列的函数。如果省略该参数，元素按照转换为的字符串的各个字符的 Unicode 位点进行排序。函数包含两个参数，分别为 firstEl（第一个用于比较的元素）和 condEl（第二个用于比较的元素）。

【训练 8-9】假设有一个包含学生姓名和年级信息的列表，将其按 grade 值进行排序，代码如下。代码清单为 code8-9.html。

```
const students = [
    {name: "Alex",grade: 15 },
    {name: "Devlin",grade: 15},
    {name: "Eagle",grade: 13 },
    {name: "Sam",grade: 14  },
];
students.sort((firstItem, secondItem) => firstItem.grade - secondItem.grade);
console.log(students);
/*
[{name: 'Eagle', grade: 13},
{name: 'Sam', grade: 14},
{name: 'Alex', grade: 15},
{name: 'Devlin', grade: 15}]
*/
```

2. 查找元素

要想在数组中查找元素，可以使用 indexOf()和 lastIndexOf()方法，但这两个方法每次只能查找一个元素。为了简化查找操作，ECMAScript 2015 提供了 find()和 findIndex()方法。

find()方法返回数组中满足提供的测试函数的第一个元素的值，否则返回 undefined。findIndex()方法返回数组中满足提供的测试函数的第一个元素的索引，若没有找到对应元素，则返回-1。这两个方法的语法格式如下。

```
arr.find(callback[, thisArg])
arr.findIndex(callback[, thisArg])
```

参数说明如下。

- callback 是在数组每一项上执行的函数，该函数接收 3 个参数，分别为 element（当

205

前元素）、index（可选参数，当前元素的索引）、array（可选参数，原数组本身）。

- thisArg 为可选参数，执行回调函数时用作 this 的对象。

【训练 8-10】在数组中查找需要的元素并返回元素及其索引函数。代码清单为 code8-10.html。

```
var inventory = [
    {name: 'apples',quantity: 2},
    {name: 'bananas',quantity: 0 },
    {name: 'cherries',quantity: 5}
];
function findCherries(fruit) {
    return fruit.name === 'cherries';
}
console.log(inventory.find(findCherries));  //{name: 'cherries',quantity: 5}
console.log(inventory.findIndex(findCherries));  //2
```

3. 遍历数组

使用 for 循环语句是遍历数组元素最常用的方法，还可以使用 for…in 循环语句，不存在的索引不会遍历到，但会遍历到继承的属性。ECMAScript 5 定义了 forEach()方法，用于对数组的每个元素执行一次给定的函数，其语法格式如下。

```
arr.forEach(callback(currentValue [, index [, array]])[, thisArg])
```

参数说明如下。

- callback 为数组中每个元素执行的函数，该函数接收 3 个参数，分别为 currentValue（当前元素）、index（可选参数，当前元素的索引）、array（可选参数，原数组本身）。
- thisArg 为可选参数，执行回调函数时用作 this 的值。

【训练 8-11】输出数组的元素，代码如下。代码清单为 code8-11.html。

```
function logArrayElements(element, index, array) {
    console.log('a[' + index + '] = ' + element);
}
//注意，索引 2 被跳过了，因为数组的这个位置没有元素
[2, 5, , 9].forEach(logArrayElements);
//a[0] = 2
//a[1] = 5
//a[3] = 9
```

4. 映射数组

map()方法的作用是将调用的数组的每个元素传递给指定的函数，并返回一个数组，它包含该函数的返回值。map()方法的语法格式如下。

```
var new_array = arr.map(callback(currentValue[, index[, array]]) {
}[, thisArg])
```

参数说明如下。

- callback 是生成新数组元素的函数，该函数接收 3 个参数，分别为 currentValue（当前元素）、index（可选参数，当前元素的索引）、array（可选参数，原数组本身）。
- thisArg 为可选参数，执行回调函数时用作 this 的值。

【训练 8-12】使用 map()方法构建一个数字数组，代码如下。代码清单为 code8-12.html。

```
var numbers = [1, 4, 9];
var doubles = numbers.map(function(num) {
  return num * 2;
```

```
});
console.log(doubles);
//doubles 数组为：[2, 8, 18]
```

5. 过滤数组

filter()方法的作用是创建一个新数组，数组包含通过所提供函数实现的测试的所有元素，其语法格式如下。

```
var newArray = arr.filter(callback(element[, index[, array]])[, thisArg])
```

参数说明如下。

- callback 是用来测试数组的每个元素的函数，返回 true，表示该元素通过测试，保留该元素，返回 false 则不保留该元素。它接收 3 个参数，分别为 element（当前元素）、index（可选参数，当前元素的索引）、array（可选参数，原数组本身）。
- thisArg 为可选参数，执行回调函数时用作 this 的值。

【训练 8-13】使用 filter()根据搜索条件来过滤数组元素，代码如下。代码清单为 code8-13.html。

```
var fruits = ['apple', 'banana', 'grapes', 'mango', 'orange'];
function filterItems(query) {
  return fruits.filter(function(el) {
      return el.toLowerCase().indexOf(query.toLowerCase()) > -1;
  })
}
console.log(filterItems('ap'));        //['apple', 'grapes']
console.log(filterItems('an'));        //['banana', 'mango', 'orange']
```

6. 检测数组

every()和 some()方法用于数组的逻辑判定，对数组元素应用指定的函数进行判定，返回 true 或 false。

every()方法用于测试一个数组内的所有元素是否都能通过某个指定函数的测试，它返回一个布尔值。some()方法用于测试数组中是不是至少有一个元素通过了提供的函数测试，它返回一个布尔值。这两个方法的语法格式如下。

```
arr.every(callback(element[, index[, array]])[, thisArg])
arr.some(callback(element[, index[, array]])[, thisArg])
```

参数说明如下。

- callback 是用来测试每个元素的函数，它接收 3 个参数，分别为 element（当前元素）、index（可选参数，当前元素的索引）、array（可选参数，原数组本身）。
- thisArg 为可选参数，执行回调函数时用作 this 的值。

【训练 8-14】检测数组中的所有元素是否都大于 10，代码如下。代码清单为 code8-14.html。

```
function isBiggerThan10(element, index, array) {
    return element > 10;
}
let evfalse = [12, 5, 8, 130, 44].every(isBiggerThan10);
let evtrue = [12, 54, 18, 130, 44].every(isBiggerThan10);
let smfalse = [2, 5, 8, 1, 4].some(isBiggerThan10);
let smtrue = [12, 5, 8, 1, 4].some(isBiggerThan10);
console.log(evfalse, evtrue);   //false  true
console.log(smfalse, smtrue);   //false  true
```

7. 化简数组

reduce()和 reduceRight()方法用于以指定的函数将数组元素进行组合，生成单个值。这在函数式编程中是常见的操作，也称为注入和折叠。

reduce()方法对数组中的每个元素执行一个由用户提供的 reducer 函数，并将结果汇总为单个返回值。reduce()方法接收一个 callback 函数作为累加器（accumulator），数组中的每个值（从左到右）开始合并，最终汇总为单个值。reduceRight()方法也是接收一个 callback 函数作为累加器（accumulator），数组中的每个值（从右到左）开始合并，最终汇总为单个值。这两个方法的语法格式如下。

```
arr.reduce(callback(accumulator, currentValue[, index[, array]])[, initialValue])
arr.reduceRight(callback(accumulator, currentValue[, index[, array]])[, initialValue])
```

参数说明如下。

- callback 是执行数组中每个值（如果没有提供 initialValue，则第一个值除外）的函数，该函数接收 4 个参数，分别为 accumulator（累计器）、currentValue（当前值）、currentIndex（当前索引）、array（原数组本身）。
- initialValue 为可选参数，作为第一次调用回调函数时的第一个参数的值。如果没有为它赋初始值，则将使用数组中的第一个元素。在没有初始值的空数组上调用 reduce() 会报错。

【训练 8-15】累加对象数组里的值，代码如下。代码清单为 code8-15.html。

```
var initialValue = 0;
var sum = [{x:1}, {x:2}, {x:3}].reduce(function (accumulator, currentValue) {
    return accumulator + currentValue.x;
},initialValue)
console.log(sum) //logs 6
```

8.4 任务实现

编写 HTML 文件、CSS 文件、JavaScript 脚本文件实现网页抽奖器的功能，效果如图 8-2 和图 8-3 所示。

图 8-2　网页抽奖器效果

图 8-3　抽奖结果效果

8.4.1 编写 HTML 文件

1. 创建站点

新建项目文件夹 chapter8，在该文件夹中新建 css 和 js 文件夹，分别用于放置 CSS 样式表文件和 JavaScript 脚本文件。

V8-1 编写
HTML 文件

2. 编写 index.html 文件

在项目文件夹下新建 index.html 文件，依据 HTML5 规范编写该文件，设置网页标题为"设计网页抽奖器"。代码如下。

```html
<!DOCTYPE HTML>
<HTML lang = "en">
<head>
    <meta charset = "UTF-8">
    <meta name = "viewport" content = "width=device-width, initial-scale=1.0">
    <meta http-equiv = "X-UA-Compatible" content = "ie=edge">
    <title>设计网页抽奖器</title>
    <link rel = "stylesheet" href = "css/lottery_pro.css">
</head>
<body>
    <div class = "box">
        <div class = "luckdraw">
            <h3>幸运抽奖</h3>
            <form action = "" method = "post" autocomplete = "off" target = "_self">
                <div class = "form-group">
                    <label for = "num">抽奖总人数</label>
                    <input type = "text" class = "form-control" name = "num" id = "num" required = "required">
                </div>
                <div class = "form-group">
                    <label for = "exclude">排除范围</label>
                    <input type = "text" class = "form-control" name = "exclude" id = "exclude" placeholder = "多个数据用逗号隔开">
                </div>
                <div class = "form-group">
                    <label for = "lottery_num">拟中奖人数</label>
                    <input type = "text" class = "form-control" name = "lottery_num" id = "lottery_num" required = "required">
                </div>
                <div class = "form-group">
                    <input type = "button" value = "开 始" id = "start" class = "btn">
                </div>
            </form>
        </div>
        <div class = "process">
            <h3>抽奖过程</h3>
            <div class = "show"></div>
            <div><button class = "stop btn">停止抽奖</button></div>
```

209

```
            </div>
            <div class = "result">
                    <h3>抽奖结果</h3>
                    <p></p>
            </div>
    </div>
    <script src = "js/lottery_pro.js"></script>
</body>
</HTML>
```

8.4.2　编写 CSS 文件

在 css 文件夹中，创建并编写 lottery_pro.css 样式表文件。代码如下。

V8-2 编写 CSS
文件

```
* { margin: 0; padding: 0;}
li {
    list-style: none;
}
html,body {
    width: 100%;
    height: 100%;
}
.box {
    width: 100%;
    height: 100%;
    display: flex;
    flex-flow: row wrap;
    justify-content: center;
    align-items: center;
    margin: 4px;
}
.flex {
    display: flex;
    flex-flow: row wrap;
    justify-content: space-around;
    align-content: flex-start;
}
.luckdraw {
    position: absolute;
    width: 500px;
    margin: 0 auto;
    border: 1px #999 solid;
    box-sizing: border-box;
}
.result,.process {
    min-width: 300px;
    display: none;
    margin: 15px;
}
.result li {
    margin: 10px;
    padding: 0 20px;
```

```
        color: #FF0000;
        background: #ff0;
        text-align: center;
        flex: 1;
        font-weight: 800;
        border-bottom: 1px #999 solid;
}
.result ul {
        margin-bottom: 40px;
}
.result p {
        text-align: right;
        color: #089;
        margin: 10px;
}
.process div {
        text-align: center;
        margin: 20px 0;
}
form {
        margin: 40px 50px;
}
.form-group {
        margin: 15px 0;
}
.luckdraw label {
        display: inline-block;
        width: 120px;
        margin-right: 8px;
        margin-bottom: 5px;
        text-align: right;
}
.form-control {
        display: inline-block;
        width: auto;
        padding: 6px 12px;
        font-size: 14px;
        line-height: 1.42857143;
        color: #555;
        background-color: #fff;
        background-image: none;
        border: 1px solid #ccc;
        border-radius: 4px;
        box-shadow: inset 0 1px 1px rgba(0, 0, 0, .075);
        transition: border-color ease-in-out .15s, box-shadow ease-in-out .15s;
}
.box h3 {
        position: relative;
        height: 60px;
        text-align: center;
        line-height: 60px;
        margin: 0 15px;
        border-bottom: 1px #089 solid;
        color: #089;
```

```
    }
    .show {
        font-size: 1.8rem;
        font-weight: 900;
        color: #089;
    }
    .form-group:last-child {
        text-align: center;
    }
    .btn {
        display: inline-block;
        padding: 6px 50px;
        margin-bottom: 0;
        font-size: 14px;
        font-weight: 400;
        line-height: 1.42857143;
        text-align: center;
        white-space: nowrap;
        vertical-align: middle;
        touch-action: manipulation;
        cursor: pointer;
        user-select: none;
        background-image: none;
        border: 2px solid transparent;
        border-radius: 4px;
        color: #fff;
        background-color: #089;
    }
    .btn:hover {
        background: #fff;
        border: 2px #089 solid;
        cursor: pointer;
        color: #089;
    }
```

8.4.3 编写 JavaScript 脚本文件

在 script 文件夹中，新建 lottery_pro.js 文件，在该文件中编写代码，实现抽奖功能。代码如下。

V8-3 编写 JavaScript 脚本文件

```
const $ = function(sel, ele = document) {
    return ele.querySelector(sel);
}
var
    total,
    exclude,
    gen_num,
    arr = [],
    mytimer = null,
    speed = 3;
var form = $("form");
```

```
$(".btn").addEventListener("click", function(e) {
    e.preventDefault()
    if (form.checkValidity()) {
            $('.luckdraw').style.display = "none";
            $(".process").style.display = "block";
            $(".result").style.display = "none";
            total = parseInt($("#num").value);
            exclude = $("#exclude").value;
            gen_num = parseInt($("#lottery_num").value);
            arr = validNum(total, exclude);
            show(total, exclude, gen_num);
    } else {
            alert("请正确输入数据");
            return false;
    }
}, false)
var fnc = function(e) {
    e.preventDefault()
    clearTimeout(mytimer)
    $('.luckdraw').style.display = "none";
    $(".process").style.display = "none";
    $(".result").style.display = "block";
    start();
}
$(".stop").addEventListener("click", fnc, false)

function start() {
    var personal = [];
    //获取抽奖总数
    result_num = drawNum(gen_num);
    //将所有中奖编号转换为字符串，保存后显示出来
    saveResult(JSON.stringify(result_num))
    //将中奖编号添加到网页中
    $(".result").appendChild(createUl(result_num));
    //添加抽奖时间
    $("p", $(".result")).textContent = createDate();
}
function createUl(arr) {
    let l, text, larr = [];
    let ul = document.createElement("ul");
    arr.forEach(function(item, index) {
        l = document.createElement('li');
        text = document.createTextNode(item);
        l.appendChild(text);
        ul.appendChild(l);
    })
    ul.classList.add("flex");
    return ul;
}
```

```javascript
function createDate() {
    return `抽奖时间: ${new Date().toLocaleString()}`;
}
function saveResult(value) {
    var d = "draw_" + new Date().getTime();
    localStorage.setItem(d, value);
}
function show() {
    let box = $(".show");
    let j = Math.floor(Math.random() * 100000) % parseInt(arr.length);
    box.innerHTML = arr[j];
    mytimer = setTimeout("show()", speed);
}
/**
 * drawNum function
 * @param {Object} gen_num 中奖人数
 * @description   依据中奖人数（gen_num）生成中奖号码并返回
 */
function drawNum(gen_num) {
    let personal = validNum(total, exclude);
    //按指定的中奖人数生成中奖号码
    let result_num = [];
    for (let i = 0; i < gen_num; i++) {
        result_num[i] = personal[Math.floor(Math.random() * personal.length)];
        //删除已经抽中的编号
        personal.splice(personal.indexOf(result_num[i]), 1);
    }
    //将抽奖结果按编号从小到大排序
    result_num.sort(function(a, b) {
        return a - b;
    });
    return result_num;
}
//计算有效抽奖人数
function validNum(total, exclude) {
    let personal = [];
    for (let i = 0; i < total; i++) {
        personal[i] = i + 1;
    }
    //生成有效抽奖编号
    var arr_exclude = [];
    arr_exclude = exclude.split(",");
    for (let j = 0; j < arr_exclude.length; j++) {
        personal.splice(personal.indexOf(parseInt(arr_exclude[j])), 1);
    }
    return personal;
}
```

8.5　任务拓展——设计手机号码滚动抽奖器

8.5.1　任务描述

抽奖是很多活动的必备环节之一，能够很好地调节现场气氛，使用手机号码进行抽奖是常用的一种抽奖方式。

8.5.2　任务要求

利用本单元所学的关键知识和技术，根据抽奖算法，编写网页的 HTML 文件、CSS 文件和 JavaScript 脚本文件，完成手机号码滚动抽奖器的设计。要求以手机号码为抽奖依据，支持输入所有待抽奖人员的手机号码和排除号码，可以设定要抽出的中奖手机号码的个数。抽奖界面要清爽直观，拥有结果记忆功能，不怕计算机断电、死机等问题。若出现异常情况，可重新运行网页接着抽奖，尽可能地保证抽奖的安全。

8.6　课后训练

除了使用手机号码，还可以使用幸运人转盘抽奖。为了增加销售活动现场的人气，增加到访的客户，特组织开展现场幸运大转盘抽奖活动。

利用本单元所学知识和技术，设计一款网页幸运大转盘抽奖器。要求幸运大转盘抽奖器界面美观，方便用户操作。

【归纳总结】

本单元主要介绍了 JavaScript 数组及其使用方法，重点阐述了数组的基本操作和函数式编程方法，完成了网页抽奖器的设计。通过对本单元的学习，学生可以积累 Web 开发经验，提升 JavaScript 编程水平。本单元内容的归纳总结如图 8-4 所示。

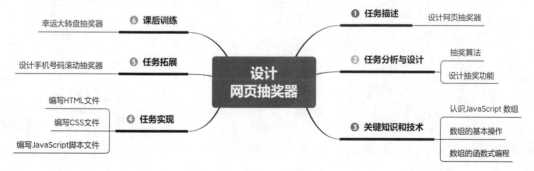

图 8-4　归纳总结

参考文献

[1] 马特·弗里斯比.JavaScript 高级程序设计[M].4 版.李松峰，译.北京:人民邮电出版社，2020.

[2] 大卫·弗拉尼根.JavaScript 权威指南[M].6 版.淘宝前端团队，译.北京:机械工业出版社，2021.

[3] 周雄.JavaScript 重难点实例精讲[M].北京:人民邮电出版社，2020.

[4] 尼古拉斯·泽卡斯.深入理解 ES6[M].刘振涛，译.北京:电子工业出版社，2017.

[5] 孙文江，陈义辉.PHP 应用程序开发教程[M].北京:中国人民大学出版社，2013.